高效人生

Training For Efficiency

[美] 奥里森·斯威特·马登 (Orison Swett Marden) 著

王东升 译

中国出版集团
研究出版社

图书在版编目(CIP)数据

高效人生／(美)马登著；王东升译. 一北京：
研究出版社, 2015.8（2020.7重印）
ISBN 978-7-80168-930-6

Ⅰ．①高… Ⅱ．①马… ②王… Ⅲ．①时间−管理−通俗读物
Ⅳ．①C935−49

中国版本图书馆 CIP 数据核字 (2015) 第 187169 号

责任编辑：张璐

作　　者：(美) 奥里森·斯威特·马登　著
译　　者：王东升
出版发行：研究出版社
　　　　　地址：北京市朝阳区安华里504号A座
　　　　　电话：010-64217619　010-64217612（发行中心）
经　　销：新华书店
印　　刷：保定市铭泰达印刷有限公司
版　　次：2015年9月第1版　2020年7月第3次印刷
规　　格：710毫米×1000毫米　1/16
印　　张：16.25
书　　号：ISBN 978-7-80168-930-6
定　　价：35.00元

　　奥里森·斯威特·马登先生的读者们强烈要求他写一部关于效率的书,让其富于激励人心与实用的知识能够以短小精悍的方式呈现在读者面前。许多著名教育家都对这样一本充满教益、篇幅短小的书籍适用于学校教学表示了期待,想尽快目睹该书的风采。他们都希望马登先生能创作一本能融汇其渊博的知识与见解的书籍。《高效人生》一书就是用63篇篇幅短小的文章组成的,每篇短文都有很强的针对性,闪烁着马登励志丛书一贯的智慧光芒。这本书必定能够满足读者们如上的期待。

关于作者

奥里森·斯威特·马登

奥里森·斯威特·马登（1848—1924），美国作家，倡导新思想运动。主修医科，同时也是一名富有成效的酒店业主。

他生于美国新罕布什尔州的桑顿—戈尔，位于路易斯和玛莎—马登之间的一个小镇。他3岁时，年仅22岁的母亲便撒手人寰。于是照顾奥里森和两个姐姐的重担就落到了父亲——一个靠打猎和做门卫工作的农民身上。奥里森7岁时，父亲伐木致伤，不久也离他而去。他的监护人几经转手，他终日食不果腹，艰难度日。他受英国作家塞缪尔·斯迈尔斯早期作品的影响，决意改善自我，改变生存环境。1871

年，他毕业于波士顿大学。1881年，获得哈佛大学医学博士学位。1882年，攻克了法学学士学位。之后，又就读于波士顿祷告学校和安多华神学院。

大学期间，他靠在酒店打工自食其力。之后，他拥有几家自己的酒店和一处度假村产业。经济危机使他的职业生涯告一段落。1893年，当举办世界哥伦布博览会，大批游客从四面八方蜂拥而至的时候，他再一次在芝加哥跻身酒店业并担任酒店经理一职。这期间，他在塞缪尔·斯迈尔斯思想的感召之下，立志奋笔疾书，旨在启迪思想，阐述自己的哲学观点。

除此之外，他的思想还受到19世纪90年代新思想运动先驱者小奥利佛·温德尔·霍姆斯和拉尔夫·瓦尔多·爱默生的影响。

1894年，他撰写的第一本书《奋勇向前》问世了。他着重论述了成功、毅力的培养和积极思考的话题。1897年，他创办了《成功》杂志，与此同时，该杂志作为奥里森·斯威特·马登"新思想哲学"的宣言，教授人们积极思维，生活技能和服从管理的。在20世纪的头20年中，他也是伊丽莎白·汤新思想杂志《鹦鹉螺》的固定撰稿人。

《成功》杂志时至今日仍能发人深省，并被评为美国当今最有影响力的十大杂志之一。

他曾采访过当代最具盛名和最有权威的成功人士，而且《成功》杂志在美国社会开创出一个不同寻常的成就，被视为现代个人发展运动的诞生。据报道，此行业仅在美国每年耗资110亿美元。

20世纪初，据不完全统计，四分之一的美国人知晓这个杂志。

何等伟大的标题，又何等伟大的杂志！现在《成功》杂志仍然具有强大的生命力，并以凸显现在和过去有识之士的成功事迹为特色。

马登曾是《成功》杂志的第一撰稿人，那些一度深受其启迪的人后来相继成为该杂志的编辑，包括著名的拿破仑·希尔、W. 克莱曼·斯通、斯科特·德加摩和查理德·坡等。

像许多新思想拥护者那样，马登相信思想可以影响人的生活和人的生活环境。他说："我们创造了我们赖以居住的世界和我们的生活环境。"然而，尽管他在经济上获得了成功，但是，他总强调个人发展："你刻意追求的绝好机遇，不取决于环境，关键在于自己；不在于运气或机会好坏，或不在于别人的帮助；完全在于自己。"马登一生撰写了大量鼓舞人心的著作，其中代表作《你能行》《奋勇向前》《生而为赢》《第一本快乐心理学》《你就是命运的建造师》《做自己的国王》《你也可以拥有打动人的磁性魅力》《我最想要的择业说明书》《成功依然有秘密》等在欧美一上市，即受到大众的认可，几乎每本都是畅销书，很多公立学校指定为教科书或参考书，不少公司企业将这些作品发给员工阅读，在商人、政府官员、军人、教育人士、文化人士和神职人员中也深受欢迎。很多著作已经被翻译成50多种文字，在世界各地广为流传，现在已成为影响世界历史进程的经典人文作品。

1924年，马登与世长辞，享年74岁。

CONTENTS · **目录**

第一章

唤醒心灵

一个叫约翰·菲尔德的农民这样问戴维斯说："戴维斯，你看这个孩子怎样啊？"说这话的时候，他看着正在等待顾客的儿子马歇尔。

"哦，约翰，你跟我都是老朋友了。不瞒你说，"迪恩·戴维斯从一个桶里拿出一个苹果，递给了马歇尔的父亲，作为友好的示意，"我不想伤害你我之间的情感，但是，你也知道我是一个直肠子的人，那我就说一下心中真实的想法吧！马歇尔是一个善良与有才干的人，但即使他在我的商店里干上一千年，也不可能成为一个真正的商人。他不是做商人的料，还不如教教他如何挤奶更好。约翰，你还是带他回农场吧！"

现在，我来说明这样一个情况：如果马歇尔·菲尔德依然在迪恩·戴维斯那间位于马萨诸塞州彼得菲尔德的商店里打杂，那他绝不可能成为世界上最为杰出的商业巨擘。

当马歇尔·菲尔德只身一人闯荡芝加哥时，他看到许多与他一样出身贫寒的年轻人都能有所成就的传奇经历，于是便激发了他想要成为一名成功商人的决心。

"别人都能够做到如此神奇的事情，为什么我就不能呢？"他自言自语。当然，必须承认一点，菲尔德一开始就具备了这种潜质，一种不甘落后的潜质。但是，我们必须看到，正是因为他处在一个能激发起勃勃雄心的环境里，才将他的潜能发掘出来，然后释放出潜藏在身体内的所有能量。

许多人似乎都认为，所谓的大志不过是某些人与生俱来的，与环境的关系其实不大。但事实是，许多人的雄心其实只是一种潜在的能量，需要借助外在的东西去唤醒与催发。

若是激情能迅速与自身的教养融合起来，那将发挥多大的作用啊！不过，一定要记住：在这之后，是需要我们时刻用心地呵护与培养的，否则就会随着时间的推移而冷却，甚至消失。这好比音乐与艺术上的能力，需要不断精心地维护、保养一样，如若不然，就会凋零。

换句话说，如果我们不想尝试去实现自身的理想，这种能力就不会变得锐利，目标也不会明晰起来。我们所具备的能力就会变得懒散，不需要多久，你就会失去原先的力量。

正如爱默生所说："我最需要的，就是有人能激发我去做自身能做的事情。做自己力所能及的事情，这就是问题的症结所在，这并非拿破仑或林肯之辈所能做的，而是属于我们自身能做的。我是否将自身最好的一面展示出来，抑或是最坏的一面；我发挥了10%、15%、25%或90%的潜能，这将对我产生重要的影响。"

其实，我们中许多人都是具有很强能力的，富有深厚潜能的，只不过现在还处于一种沉睡的状态之中。倘若能够唤醒，就可创造奇迹。对此，我可以用这样一个实例加以说明：在西部一座城市里有一位法官，他是在中年时才将自身的潜能发挥出来的。之前的他，还是一个目不识丁的鞋匠，现在他60岁了，拥有该城市最大的一间图书馆。这家图书馆为人们提供广泛阅读的书籍，不断地帮助着别人，而他自己也因此有机会阅读大量的书籍，随时补充知识的养分。

那么，到底是什么让他的人生发生了如此之大的转变呢？其实，就是在他听到了一节有关教育价值的演讲之后所受到的启发。换句话说，正是这场演讲唤醒了他心中沉睡的潜能，将迷失已久的理想重新找回来，从而在自我发展的道路上不断前进。

我认识不少人，他们都是大器晚成的，他们几乎都是在受到某种刺激，例如阅读某本励志书籍，听一场布道演说，与朋友偶遇或是别人的鼓励与相信的话语，让他褪去人生陈旧的一页，醍醐灌顶。因此，**在这个世界上，你与这样的人在一起是极为重要的。具体来说，我们要与鼓励、相信、赞扬我们的人在一起，我们要远离那些让我们失去自信、黯淡我们的理想或将希望之火吹熄的人。**

我知道有这样一种状况，就是一些印第安学校会公布一些来自原住地的印第安少年的照片。在这照片中你会发现，他们在毕业时穿的很得体，看上去充满了智慧，眼神中也闪烁着理想之光。当时所有人都对他们寄予了厚望，可是让人痛心的是，他们中有不少人在为一种新的生活方式挣扎一段时间失败之后，就选择回到原先的部落，过上原先的生活。当然，也有不少例外。这些人都有坚强的性格，能够抵抗自身那种不断后退的趋势。

我为什么要说这样一种情况？原因在于——如果你去问问那些失败者，就会发现他们失败的关键所在，是从来没有处于一种激励与健康的环境之中，理想也从未被唤醒；或是因为自身还不足以应对压抑、沮丧与恶劣环境的摧残。这样的人看起来是多么脆弱与可悲，如果能改变，他们的结局就会不一样。

于是，我想要告诉大家，无论你的人生是怎样的走法，无论如何都要努力让自己处于一种振奋的环境之中。因为，这种环境会刺激我们走向自我发展的道路。很多时候，这就决定了伟大与平庸。

与那些懂你、信你、助你的人在一起吧！让他们身上所涌现的无穷向上的力量激励你去找回自我。与坚持不懈之人、成功之人、秉持高远志向之人、认知之人在一起吧！你将深受这种环境氛围的熏陶。因为，理想有一种传染性。

当别人已经成功地攀登上了顶峰，而你还处于山腰时，你是往上赶，还是坐等别人的讪笑？无须多说，这完全取决于你自己。

第二章

世界为梦想者辟路

追梦者，让生活更有价值，将人类从平庸的泥潭中拯救出来，让我们的心智得到解放。那么，你是一位追梦者吗？

追梦者是人类进步的推动者，他们辛勤地耕耘着，弯着腰，汗流浃背，劈开荆棘，为后世人的前进拓展了康庄大道。倘若在漫长的历史中将追梦者剔除，谁还愿意去阅读那了无生趣的历史呢？

要知道，我们之所以能处于今天高度发达的文明社会中，全赖于历史上代代相传的追梦者。正是他们，将过往的一个个梦想变成现实。**若没有追梦者，当今居住在美洲大陆上的人们仍旧蜷缩在大西洋彼岸。**

最为实用的能力就是一种能预见未来的能力，能站在更高的视角去审视未来的文明。拥有这样能力的人能预见到，未来的人类必将能够从一些狭隘的限制与束缚中挣脱出来，将今日盛行的迷信抛在脑后。他们不仅能预见，还能将这场愿景变成现实。追梦者无一例外都是敢为天下先的人，将一些凡人看似不可能的事情变成可能。

功利短视之人告诉我们，想象力不过只是艺术家、音乐家、诗人等群体的专利，这在现实生活中是没有半点用处的。推动历史进步的人无一不是具有丰富想象力之人。比如，当代工业巨擘、商业巨子，他们都具有强大的想象力，对自己的商业能力充满了信心。

不知有多少短视、缺乏想象之人，他们只能用一双混沌的眼睛去看待事物。他们如何与诸如爱迪生、贝尔或是马可尼等人相提并论呢？

正是马可尼当时将那个看似不可能的梦想实现了，才在最近恐怖的泰坦尼克号海难中通过无线电拯救了数百人！

几个月前，无所畏惧的罗杰斯利用一个飞行器实现了跨越大洲的梦想。

这个世界又该如何感谢莫斯呢？他发明的电报曾一度被认为只能是一个传说。

乔治·史蒂文森，原本只是一个贫穷的煤工，想象着有朝一日能发明动力火车，改变整个世界的运输格局。

铺设跨过大西洋的电缆一直是塞勒斯·菲尔德的梦想——将两个大洲紧紧地联系在一起。

我们要怎么感激诗坛中的追梦者呢？比如，莎翁教会我们如何从寻常事物中找寻不凡之处，从混沌中看到卓越之处。

人类最神圣的遗产就是拥有想象的能力。对那些梦想者而言，"石墙并不能造就一个高墙"。若我们相信自己能够拥有一个美好的明天，那么今天所遭受的苦难就显得多么的微不足道。

倘若我们梦想的能力都被掠走了，还有多少人能有足够的能力继续怀着热情去迎接生活的挑战呢？可见，让自己瞬间从所有的困惑、考验、困境中摆脱出来，进入真善美的心境是多么的重要，而拥有这种能力无疑是无价的。

追梦是美国人一直特别典型的性格。无论出身多么低贱与命运多舛，他们都能保持自信，顽强地与命运之神作斗争。因为，他们相信，美好的日子即将到来。一个小小的职员想象着自己有一天拥有一家自己的商店，生活最为贫苦的小女孩想象着自己拥有漂亮的房子，最卑微的人想象着自己拥有了地位。**正是怀着对美好事物的梦想、希望与持久的希冀，让他们保持了勇气，减轻了身上的负担，扫清了前面的障碍。**

梦想是相当美妙的。当我们有能力、目标坚定、有毅力，就可将梦想变成现实；但若不努力，只想着可以不费力气就实现自己的愿望，这只能降低自身的品格。只有脚踏实地，方能真正地富有成效。记住：梦想、勤奋工作、坚持，三者凑在一起才能取得成功。

然而，当今社会让人担忧的是，梦想与其他能力一样，都面临着被滥用的危险。比如，许多人啥都不做，整天做着白日梦，将自身的能力构建于永不可能成真的空中楼阁。他们生活在矫揉、虚幻与理论之中，直到自身所有的功能都瘫痪得无法使用。

最美好的事情就是，努力去按照我们最高的理想去塑造自己的人生，永远追随它，至死不渝。是理想的实现让我们变得强大与实用起来，实现的梦想会成为新的启程点，激发着人们不断地上路。同时，正是这种时刻想着圆梦的动力让我们在世上找到了希望。

梦想与从善——这是约翰·哈佛临死时留下几百美元建造哈佛学院时的一个梦想。耶鲁学院刚成立的时候，收藏的书籍其实并不多，但他却怀抱着一个从善的梦想。

永远不要停止追梦的脚步，不断地拓展自己的视野，相信梦想，珍视梦想，并努力实现它。因为，这让我们的人生有所期待，让我们不断向前，朝着更高更远的方向进发。这些都是天赐的能力。

梦想就是指引我们步向天国的双手。我们有怎样的愿景，生活就有什么颜色。美好的梦想就是日后生活的写照。请相信这一点！

第三章

破釜沉舟

当恺撒挥军英格兰时，他已经决定了永不撤退。他想让士兵们都知道，此行若不能取得胜利，就只能战死沙场。所以，在士兵们面前，他下令将所有的船只都烧毁了。恺撒此举就如拿破仑一样，他拥有这种做出最终决定的能力，将所有彼此冲突的计划统统舍弃。

年轻人时常会犯错，这很正常。当我们着手去做一件事的时候，若觉得可能过于艰难，就总会考虑为自己留一条后路。换句话说，一个人如果知道前路的障碍过于强大的话，至少还有某条可以撤回的道路。其实，这样做永远也不可能将自己的潜能发掘出来。我们应尽自己的全力去做应做之事，因为，只有当没有后退的余地时，一支军队才会以殊死的状态去战斗。

"因沮丧而后退的人"，这是许多临阵脱逃的士兵们一个羞耻的墓志铭。**当你敢于破釜沉舟，敢于将全身心的精力投入事业上时，所有的沮丧与挫折都不能让你后退。**

年轻人在刚开始工作的时候，应有一个全面的计划，应有认为自己能取得成功的勇气，应勇敢地面对所有困难。然而，不乏有一些年轻人总是没有什么计划，没有坚定的决心，害怕长时间的等待或艰苦的斗争。

当我们目睹许多意志不坚定的年轻人在商场、办公室、工厂车间的表现是那么的游离不定时，这不禁会让人感到遗憾万分。年轻人就应该勇敢向前，像一块火石一样朝着一个坚定不移的目标前进，勇敢向前，永不后退。

倘若你能全身心地专注于某个目标，任何事情都不能阻挡你。你将不会理睬许多漫无目的或意志不坚之人看到十分强大的障碍。这是因为，让自己毫无保留地专注于某个伟大的目标之上，将会产生一种巨大的力量。但凡全身心投入某事的人，必然能有最强的专注力去推动事物。**更何况，这种永不后退的决心所产生的前进动力是难以抵挡的。**

疑惑与恐惧在勇敢的心灵中遁逃。**坚忍前进的勇气会让那些心智脆弱之人的苦难显得微不足道，**勇敢的决心会让许多困难与挫折显得不足挂齿。在这种巨大力量面前，许多阻挡你的敌人都会溃不成军。尝试阻挡一个决心十足的人是不可能的。就像格兰特将军所做的决定一样，他所做的决定如同一个不可扭转的命运，一旦决定就难以回头，不留任何反复的余地。

犹豫不决的血液在许多人的血管中流淌着，他们似乎无法切断退后的道路，总是想着该留哪条道路作为撤退的道路。他们没有意识到毫无保留地投入到一个目标之中，让自己坚强地独立起来。唯有培养一种强大的自我独立能力，才能驱除犹豫不决的习惯。

一个敢于去迎接各种挑战的人所具有的勇气是值得赞赏的；勇往直前与绝不后退的毅力是值得赞美的。这不仅让我们更为自信，也能感染周围的人。由此，我们会很自然地相信一个有如此态度的人。在这样的人强大自信的背后潜藏着一个十分充分的理由——他意识到自己在做什么。这样的人必然是生活的强者。

第四章

不要心存侥幸

在这世界上，最强大的小偷就是拖拉的习惯，但是，这些小偷仍在逍遥法外。

没有比一再推迟决策重要的事情更能摧残我们的人生了。若你有这种做事倾向的话，那就强迫自己迅速做出有力的决定。

无论你决定的事情多么重要，尽管这需要你仔细地研究事情的方方面面，以及权衡利弊，但切记不要因此而拖延。记住：不断接受这种诱惑是致命的，千万不要让自己成为优柔寡断的受害者。

我们都知道，若是一个积极向上的人犯了错误，他马上就会予以改正。但是，犹豫之人却总是在思前想后，将每个细节都过滤一遍，最后才敢做出决定。这样的人，怎能成功？

若你养成了果敢决断的性格，那么，在你做出决定之前，你就能很好地运用自己的判断力。若你总是战战兢兢，时刻都在犹豫，你永远也难以做出一个正确的判断。

当你知道自己会因为某个不成熟的或错误的判断而饱受伤害时，你就会变得更加小心。换句话说，你的判断力将和你对自己决定能力的信任、依赖与使用程度成正比。所以，当你做出一个最终决定时，绝不要留下任何后路。

真正有所成就的人一般都不是那些受一时运气青睐的人。他们通常都是脚踏实地、兢兢业业地工作的人。当年正是富尔顿推着桨轮，迈克尔·法拉第在一家药店的阁楼里研究出瓶子与铁盘；惠特尼则在地窖里发明了一些实用的工具；豪依则是利用粗大的针与梭子制造出了缝纫机器；贝尔教授生活清贫，却用最简陋的器具试验着，最终推动着人类文明的进步。

没有比这些伟人在逆境中取胜的故事更让人觉得充满浪漫气息的了。一个个刚开始出身卑微，却怀抱伟大志向的人，最后取得了成功。他们不懈地奋斗，长时间地等待，度过了艰难困苦，最终达到胜利的彼岸。他们能在平常的生活中抓住机遇，让自己从芸芸众生中脱颖而出。不仅如此，还有许多能力平平的人，他们靠着不屈的意志与坚定的目标而取得了成功。

缺乏机会是很多失败者为自己所找的借口。试着去问问那些失败者，多数人都会告诉你，他们没有获得比别人好的机会，也没有贵人相助，或被人拉上一把。他们会告诉你，所有的好位置都被填满了。每个职位都充满了竞争，自己根本没有机会。当他们想去抓住某个机会时，别人已经抢先一步了。

真正有目标的人是不为自己找借口的。他们努力工作，从不抱怨。他们不断向前，从来就没有等着别人去帮助他们，他们只是不断地自助。他们没有等待某一个机会，而是自己去制造机会。

亚历山大在一场竞选之后，别人问他要是有机会的话，是否会到另一个城市去。"机会？"他大声吼道，"为什么要等机会？我要自己创造机会。"往往就是这种自己创造机会的人，才是这个社会所需要的。

许多人都在梦想着在未来能获得财富与声望，但他们却总是在等待某个机遇。他们没有认识到，他们之所以还没达到目标，就是因为他们总是在寻找机会，而不是努力做好自己的工作。

因此，重要的是我们不能养成坐等机会的危险习惯。在这种等待之中，能量与动力都被无声无息地消磨掉了。对那些无所事事或到别处找寻机会的人来说，机会仿佛是不存在的。只有那些能干之人、时刻对机遇敏感的人才能看到机遇的身影。

你可能认为，伟人所依赖的不过是不寻常的机遇。而事实上，让人不断进步的脚踏石在于你所做的事情以及做事的方式，而与机会的大小无关。

你所处在的位置也许竞争激烈，但总是会有不断提升的空间的。在这竞争激烈的年代，数以百万计的人们可能面临着失业，抑或已经有不少人业已失去工作。但是，其实每个职位都在张贴着"招聘广告"——我们这里缺人。记住，不要为此而感到悲伤和郁闷，这个世界每时每刻都在找寻训练有素的男女、更有才的管理者与领袖、视野更为宽广的男女。因为只有这样企业才能取得成功。

我们之所以高估困难，症结在于将机会本身看得过高和过重了。于是，这好比为了找寻玫瑰，却将脚下的雏菊都糟蹋了。我们忘记了最伟大的东西都是最简单的。

若是当今这些"喜欢抱怨的青年"与当年的林肯——一位砍柴人的儿子交换一下位置，他们会觉得自己的机会几何呢？若他们从小住在简陋的木屋，没有窗户与地板，在荒原之处，远离学校、教堂、铁路、报纸、书籍与金钱，缺乏基本的保暖用品以及一些最基本的生活用品，他们会怎么办呢？

若是他们每天要步行几里到最近的破烂的学校上学，他们会怎么办呢？若是他们必须要沿着乡间小路步行50里去借几本书，只能在一天辛勤工作之后借着晚上木材的火光去阅读，他们自我学习的机会有多少？

若他们都像林肯那样，只能接受一年的基础教育，然后就被迫进入社会，他们成功的概率又是多少呢？

但事情的真相是，正是这种艰难困苦的环境造就了这个国家最伟大的总统，正是这种环境锻造了林肯世上罕见的伟大人格。

只要每个人有能力抓住机遇，沿着目标不断前进，就能取得巨大的成功。但是，我们必须记住，自己才是自己的主宰。只要你让别人控制着，机会就在别人的手中，失败就是不可避免的。机会源于你的性格，成功的潜能源于你自己。所有的成功不过是自我演进的绽放与表达而已，正如日后一株参天大树的无限可能性在种子中已经包含了。

不要夸大机会的重要性。在这个国家里，一个出身于小木屋的贫穷的人都能入主白宫。

在这个国家里，数以万计的免费日校与夜校、免费的讲座，在所有年轻人基督协会中都有免费的教育课程。在这个国度里，即使是出身贫寒的孩子，都能成为立法议员；最迫切的孩子都可能成为商业巨擘、银行家或金融家；火车司机或是机械部件的制造者都可能成为铁路公司的主席。许多企业或是机构都是那些从不等待机会的人创办的，他们所依靠的不过是自身的努力与正直。在这片大陆上，无数的例子都在证明着一个道理：只要我们让健康的孩子学习知识，就不能阻挡他们前进的脚步。

不要坐等机会了，历史已经反复证明，逆境更能激发人的斗志。不要心存侥幸，所谓的缺乏机会不过是弱者为自己找的借口罢了。

第五章

勇于进取

"勇于进取！"这是巴伦·罗斯柴尔德的人生格言。同时，这也是所有成就伟业的人所共同秉持的格言。不仅如此，诸如豪依、菲尔德斯、斯蒂文森、富尔顿、贝尔、莫斯、埃利奥特、爱迪生、马可尼、赖特，这些在每个时代不同领域的先驱者们，他们都是敢于开拓进取的人。正是他们让人类的文明不断向更高、更深的境域发展。

那些敢于为人类文明而奋进的人，几乎都是先驱者。他们从不复制别人的道路。伟大的心总是不愿意走寻常路或惯常的老路。总而言之，无畏与创新，这些是所有进取之人的共同特征。他们并不是一昧地耽搁于过往的事物。

当杜邦因未能攻下查尔斯顿而找借口时，严厉的法拉古特上将说："还有另一个原因你还没提到，就是你不相信自己能够做到。"

一个人若不相信自己能够做到一件事，那他永远也做不到。越早认清楚这一点，即自己不能从外部条件获得多大的帮助，只能靠自己的不断努力，那么我们就越能更好地成长。不要害怕自己的想法。相信自己、肯定自己的个性才是你必须要做的。

真正有所成就的人，都是那些相信自己思想、能够进行独立思考与行动的人，并不惧怕孤身一人。他们为人勇敢，极具创新性，能力全面，有勇气去闯荡别人所不敢去的领域。

格兰特将军因为没有按照军事书籍所写的去做，而受到其他将军的指责，但他却结束了内战。拿破仑不顾以往战争的方法，勇于革新，震慑了整个欧洲。许多有能力与主见的人总是敢于打破常规。**而那些软弱、羞怯与无能之人总是安于守旧，不敢越雷池半步。**西奥多·罗斯福敢革新白宫的传统以及一些政治传统。在他人生阶段的每个岗位上，无论是警察专员以及州长，还是副总统或总统，他总是坚持自己的主见，而不是让自己成为别人。他总是杜绝模仿。一个人的失败程度与他脱离自己本性的程度成正比。一句话，他那无与伦比的能力源于那种保持自我特色的能力。

倘若任何人想通过模仿别人的方式来取得成功，无论别人的人生有多么成功或伟大，都是不可能的。请一定要记住：成功本身是不可能成功地复制的，成功需要原创性，需要自我本真的释放。

当亨利·沃德·比彻与菲利普斯·布鲁克斯处于事业巅峰时，数以百计的年轻牧师尝试去模仿他们的风格、举止、谈话方法以及手势习惯等。但是，所有这些模仿者都未成气候。除非他们放弃复制或抄袭别人，开始找回自我，才有可能取得成功。

世界始终为那些有目标的人让路，这些人到哪里都是抢手。而那些依靠别人的追随者则没有多大的发展空间。这个世界都在找寻具有原创能力的人，寻找敢于走出过往的窠臼、敢于开拓新时代的人。

进取之人总是朝着阳光的方向前进，保持心智的开放。他并不在乎前人已经做过了或以什么方式去做，抑或被多少神话包围着。让我们达成目标的能力正是在我们心中，在于我们的能量、勇气、果断、意志、原创性与性格。

当今世界的进步不过是我们在过往的基础上不断取得进步，淘汰过时的机器以及陈旧的观念、愚蠢的迷信、成见或迂腐的方法是很有必要的。现在哪怕是最先进的机器，在5年之后可能也会被日新月异的机械制造界的推陈出新所淘汰，进入废品站。

不久前，英国售出30艘现代战船，获得了1500万美元，但实际建造的费用却是低于这个售价的5%。这些战船真正服役的时间并不长。因为造船技术在不断进步，这些船不需多久就会被淘汰。

过往的许多沉重枷锁让许多人认为事情是不可能的。"这做不了，这是完全不可能的"是许多迷恋过往的人的口号。

这个世界的进步归功于过去与现在打破成规者。若是没有这些传统的破坏者，世界的历史将是亘古如今、一成不变。

现代生活的舒适、方便及奢华都是源于那些打破传统与过往习俗的人，他们不顾眼前的困难、障碍、别人的嘲笑，创造出更为完善的一套秩序，推动着世界不断进步。

第六章

自信的奇迹

有人曾说，当拿破仑出现在战场上，士兵们的战斗力立刻上升一个等级。

假如说一支军队的力量在于士兵们对其统帅的信任，那么，当统帅自我犹豫、摇摆不定的时候，整支军队都会处于军心涣散的状态。

换句话说，统帅的自信可以提升每个追随他的属下的自信度。可见，士兵们必须相信统帅，这是军队取得胜利的一个基础。

自信，通常让那些看似相对无知的男女做出轰轰烈烈的事情。然而，许多为人敏感、怀疑、却具有巨大能力与品质的人反而不敢去尝试。

当拿破仑指挥军队穿越阿尔卑斯山脉时，许多人认为这是不可能做到的，正如你也认为自己不可能会取得一些伟大成就一样。因为，我们总是对自己的能力持一种怀疑的态度。这几句的意思是说，你所获得的成就绝不会高于你的自信。

即使一个人天资聪颖、饱读诗书，但他所取得的成就都不会超过其自信的限度。他只能成为自己心中想要成为的那个人，而不可能成为别人。这好比一条小溪的流量难以超过其源头；而一个人要想成功，就必须要有强大的期望值、满满的自信及持之以恒的决心。

有一个士兵的使命是传达拿破仑的一封信，但是由于行程过于紧密，他骑的马匹死了，但还没有到达目的地。于是，拿破仑口述了自己的话语，交给这个信使，让他骑自己的马以最快的速度赶去。

这位信使看着这匹体格健硕的马匹，说："不，将军，这匹马对于我这样一个普通士兵来说，过于强壮，难以驾驭。"

拿破仑说："对一个法国士兵来说，没有什么能强壮到难以驾驭。"

这个世界充满了像这位可怜的法国士兵一样的人。他们总是认为别人要比自己更强，觉得自己谦卑的地位与某些东西难以匹配。他们并不希望获得那些"受宠"之人所拥有的东西。**他们没有意识到，这种自我贬低的心理状态将弱化他们的能力与执行力。**

许多人认为，活在世上，他们是注定难以拥有最为美好的东西，生活中的美好注定与自己无缘，而拥有这些美好的东西和生活中的美好，只是那些备受命运青睐的人的特权。他们就这样在这种自我践踏的心理状态下成长，直到在他们意识到自身拥有与生俱来的能力之前，他们注定会一直这样沉沦下去。他们只能屈尊去做些小事情，过着平庸的生活。因为，他们并不希望自己不断地挖掘自身潜能。所有这些缺乏自信的人，"注定"一词是对他们最好的惩罚。

亲爱的朋友们，请一定要秉持自我信念就是朋友、名声、影响力与金钱最好的替代品。因为这是世界上最有价值的资产，这种资产能让我们克服更多的困难与障碍，让我们不断前进。

人要对自己有一种真实与宽广的评价，具有某种强大的气质，要相信自己一定能够出人头地。比如这些优良气质所展现出来的仪表与风度，会给人一种强烈的感觉，这就是"事未做，行未动"事情已成功了一半。看看自信与肯定之人所能做的事情吧！会让那些自我贬低与消极的人感到无奈的。因为，在后者身上你看不到前者所具备的特质，他们不能对自己做出正确的评价。

自信者则让整个世界都为他让路。倘若分析一下许多白手起家的人所取得的巨大成功的原因，就会发现当他们开始创业时，对自己的能力都有强烈的自信，并坚信自己一定能够成功地做好眼前的事情。**正是这种心态让他们始终盯着一个目标**。而那些对自己抱有较低期望值的人，他们总是感到恐惧与疑惑。因为，他们对自身的要求过低。

"如果我们选择不去做一块泥土的话，"玛丽·科勒丽说，"那么，我们就应该勇敢地踏着泥土前进。"

如果你在前进的道路上意识到自己的仪表或举止让你显得自卑；如果你的所作所为都彰显出你的不自信，对自己没有一丝尊重。那么，你一定不能去责备别人按照你对自己的评价来衡量你。

世上有一种永恒的目标，一个神性的计划，都在我们的灵魂深处埋藏着。当你意识到造物者让你成为一个更为高尚的生物，以一双神奇之手让你去服务于一个更伟大的目标时，你将感受到一种前所未有的推动与鼓励的力量。

若你不能利用自己的天赋，并以最佳的方式来实现最好的自己的话。那么，这个世界就是不完整的。

第七章

身体活力与成功

当我们身体健康时，心理功能以及每项能力都被神奇地强化了。此时，整个生命系统的效率便会大为提升。可惜的是，很少人意识到身体的活力与他们在事业上的成败之间的重要关联性。

健康的身体与多余的身体能量储备，决定我们能够去做伟大事情。反之，羸弱的身体只能让你畏首畏尾，不敢主动出击。

生活的重要奖赏在于让我们每天都处于一种最佳的身体状态，让每个身体机能都处于一种完善的状态，让身体尽可能储备多一点能量。如果不这样，你就很可能在长时间的工作之后，感到筋疲力尽，血液流动缓慢，大脑早已不堪重负，没有剩余的能量让你去应对生活的重重挑战。

你无法只用自己的指尖去抓住生活的成功，你不能只出勤不出活。因为，只有当我们充满活力、身强体壮之时，我们的行为才会显得更加自如，而不是不自然与僵硬。唯有像前者那样，我们才能以创造性的思维去应对工作。

试想一下，当你在一夜消沉或失眠之后，身体早已疲惫不堪，此时身体机能必然会受到损害，感觉变得迟钝。于是，理所当然，你所做的每件事都将免不了带有软弱的印记，一个人在这样的软弱之中，怎么可能会有成功人生的快意呢？

当一个人工作的时候，感到恹恹欲睡，大脑迟钝，工作的标准与思维能力在迅速下降，心智在摇摆，脚步蹒跚，这样的状态难以创造出任何有价值的东西来。简而言之，这就是许多人之所以失败的原因——他们不能将工作做到最好。

伟大的将军不会让自己的军队处于内部的冲突之中，然后以低迷的状态去参加一场决定性的战役。他所统领的士兵必须处于养精蓄锐的状态，时刻准备着投入一场伟大的战斗之中。

所有的事情成功与否都取决于一点，即我们是否愿意为赢得人生这场伟大的战斗而让自己处于最佳的状态。比如，一匹瘦弱的马在一个训练有素的训练师的手下能够击败一匹半死不活以及没有经过训练的高大马匹。同样的道理，当一个普通的人处于一种最佳状态，他将战胜一个生活放荡与不检点的天才。总之请记住：若你的血液中没有流淌着激情与能量，身体组织没有一丝后备能量的话，那么从一开始你就会输得很惨。

倘若某人深信自己有足够的身体能量就能让他掌控整个时势，能够应对任何紧急情况，那么，他将从恐惧、烦恼、不安、疑惑——这些让弱者不堪其苦的枷锁中挣脱出来。

在旺盛的精力中一定存在着巨大的创造能力。因为，这可以增强身体机能的力量，这可让我们的工作更为顺利，这肯定要比精力下降时更为高效。事实上，身体机能的健康运转，不仅让我们生活得更好，而且对我们从事工作也有巨大的帮助。在这里提醒一下那些成功的追求者，你们应小心翼翼地支配各种能量的收支以及大脑活力的使用，这是极为重要的。因为，善用精力是我们取得成功的一个重要砝码。

许多胸怀大志的人，却总是被别人嘲笑，这似乎是生活中的一种常态。这样的人内心是很想证实自己一定行的，但是他们却没有足够的精力去支撑自己。这多可惜呀！也有许多人都在浪费着自己的精力，将本应取得成功的宝贵精力浪费在各种毫无用处的消遣之中。相比之下，后者则让人觉得悲哀！

若是西奥多·罗斯福对自己的身体状况没有一个准确的判断，他是难以取得如此辉煌的成就的，终其一生可能只是一个可悲的失败者。对此，他曾对自己说："我是一个体弱多病的孩子，但是我自己可以决定自身的状况。我决定让自己变得强壮与健康起来，为此我会尽自己最大的努力。"

健康与成功取决于均衡的发展，这种均衡在于身体与心理的一种和谐状态。为此，我们应该做任何可能之事去保持身体机能的平衡。同时，这也意味着心理与道德上的均衡。

生活中的我们所面临的许多疾病产生的原因在于我们的单向发

展。比如，由于身体某些组织细胞过度的刺激，而另一些则备受饥饿——过度的纵欲或营养不良造成。这个时候，适当的营养补充是极为重要的。

心智与身体的锻炼是疾病最为适合的医疗补救，这对于保持身体健康是极为重要的。只有在持续的锻炼下才能获得完美的健康，在正常状态下，工作也是心灵最好的调节器。

无论在哪里，懒惰只能造成灾难，错误与犯罪都是由于懒惰而引发的。当一个人忙于各种有益的工作时，他是安全的，他能够免受于懒惰所带来的许多伤害。

一位著名的英国物理学家称，一个人要想活得长，在醒来时大脑必须处于一种积极的状态。他还特别强调，每个人都很有必要在工作之外有一种业余爱好，这样可以好好地从生活中感受到乐趣。不过，这应以轻松、自在的方式进行，而非绞尽脑汁去刻意为之。

最后，我依然要强调这一点：活力意味着生命，而懒惰则只能通往死亡。切记！切记！

第八章

只有更好的没有最好的

数以千计的人因为自身未能完全克服早年生活所养成的懒散、马虎与随性、凡事总是三心二意的习惯，以至于他们无法在生活的道路上全速前进，只能从事一些低级的工作。

最近，当我参观一家大型企业时，看到这样一条标语：只有最好的才是好的。我深深为之震撼。这是多好的一条人生铭言啊！要是每个人都能将之视为人生座右铭，并加以实践的话，那么这个世界将发生翻天覆地的变化。当他们下定决心，无论做什么事情，只有做到最好才是让自己满意的，这该是一个怎样美好的世界啊！

人类历史上充斥着许多由于没有养成细心、全面、精确的做事习惯而造成的不可挽回的悲剧。不久前，宾夕法尼亚州奥斯汀的一座城镇被洪水冲走，原因就是在建造大坝的时候偷工减料。这样的豆腐渣工程导致了本应该在计划范围内要加以稳固的基础没有被更好地建造，于是，悲剧不可避免地发生了。

在地球上的每个角落，我们都能看到一些因为工作马虎所带来的悲剧。许多人之所以要安装木腿，没有了双臂，没有了父亲或母亲的家庭，还有那数不清的坟墓，这些无一不在控诉着某些人草草了事的工作、失职以及没有养成精确的习惯。

若每个人在工作时都能按照自己的良心，善始善终，那么不仅会减少人类的惨剧，让许多男女免于残疾的命运，**而且更为重要的是，这让我们获得了一种宝贵的为人的气质与品质。**

一个习惯于藐视工作的人，实际上是在诋毁自己的人格。马虎的工作造就马虎的人生。一旦养成了做事马虎、懒散的习惯，这种习惯必然会蔓延到其他工作上，让人不愿意付出诚实的劳动。你所做的每一件懒散的工作，都会让你的竞争力、效率以及做得更好的能力下降。这是对自尊的一种冒犯，对自己的最高理想的侮辱。因为，我们的工作就是自身的一部分。不仅如此，你所做的每一件低劣的工作只能让你不断沉沦，阻碍你前进的步伐。可谓后患无穷。

成功的一个标志就是善始善终。无论对待大小事务都要做到一丝不苟。一个想要成功的年轻人是不应该满足于"还不错"的，他应该坚信只有完美才符合他内心最真实的心意。况且，正是这些在天性中要做到最好的欲望、不能接受任何不足的态度，才不断地推进着人类的进步，提升了人类的道德标准、理想的高度以及为世人立下了标杆。

许多年轻人之所以停滞不前，很可能就是被一些他们认为无关紧要的小事所羁绊。比如忽视、做事不精确等。他总是不能很好地将一件事做到最好，他总是需要其他所有的条件都要适合自己；他的工作总是需要别人检查一遍才放心。数以百计的职员或是会计员之所以在一个卑微的职位上获得少得可怜的薪水，因为他们从来没想过将一件事情做到最好。这些不好的行为正如有人说："正是无知与忽视之间相互竞争，才给人类制造了如此之多的麻烦。"

大多数年轻人都不清楚一点，那就是引领他们不断向前的道路是由他们一步一个脚印踏出来的，这些都是系于平常忠诚地履行一些平常、卑微的日常工作。记住：今天你所做的一切，将开启明天你不断前进的大门。

许多职员都在期望有某些重大的机遇，期望以此充分展示自己的才华。有人自言自语地说："在这日常枯燥无味的工作之中，整天都做着这些平凡与普通的工作，怎么可能会有出头之日呢？"但是，他们往往忘记了，正是这些看似简单的工作中蕴藏了巨大的机会，那些能看出其中门道的年轻人能够在平凡的岗位上看到不一般的机会，然后通过自身的努力最终走向了世界。这些事关我们每天做更好的自己，让自己的事情更为利索、衣着更为整洁、做事更为精确，更为留心生活和工作细节，我们绝不可忽视或者看不起。你应该以创新性的方式去打破过往的做事。当然，这需要我们的智慧，也取决于我们是否待人更为有礼、做事更有责任心、待人处世更为圆滑、为人更为乐观一点、精力更为旺盛一点。一句话，**正是这些各方面不断的累积，引起了雇主或其他雇主的注意。切记**：不论你的工资多低，你也不能让自己手中的工作马马虎虎地完成。

当你完成一件工作的时候，应该敢于对自己说："我愿意为自己的工作承担一些后果，这可能还不是最完善的，但这是尽全力去做的。我愿意为此承担责任，我也希望别人以此来对我进行评判。"

狄更斯在自己没有完全做好准备的情况下，是绝对不会在听众面前发表演说的。在向公众演说之前，他要在半年前，每天都坚持朗读一些章节。

法国著名小说家巴尔扎克有时候整个星期都忙于某句话的思索。而许多现代作家却仍然很不解地疑惑着，巴尔扎克的名声到底从何而来？

做事周全，这是所有成功人士所共同拥有的一大特点。所谓的天才，不过是能忍受常人所不能忍受的付出罢了。许多年轻人所面临的一大问题在于，他们似乎认为即便是那些马虎过关、半生不熟的工作，都能让他们的事业一帆风顺，获得世人高度的赞扬。

许多人将自己马虎与懒散的工作归结于缺乏时间。但在日常的生活中，有很多空闲时间去做一些事情。若我们养成了凡事追求完美、善始善终的习惯，我们的生活将会更加圆满、更为让人满意；多数人的人生就会显得更加充盈，而非残缺不堪。

无论什么时候都要做到追求最好，紧紧抓住，绝不要让自己做出低劣的工作。无论你从事什么，请让自己的品质成为你的口号吧！

第九章

自由无价

一般而言，许多人的理想都是在沮丧与无法改变现状中逝去的。如果你想过上一种更为广阔的生活，充分将自己的才华发挥出来，将自身的潜能都激发出来，就必须不顾一切争取自由。

可是，许许多多的年轻人却生活在一个充满束缚与不适宜自身发展的环境之中，他们在这样压抑自身热情、扼杀理想与努力的情况下，精力与时间都被糟蹋了。他们没有勇气或决心去斩断这些束缚自己的枷锁，将一切阻滞自己前进的东西都统统抛弃，让自己活在一个能充分发挥自己力量的环境下。

若我们压制自身的优点，这是无法补救的。为此，我们必须尽最大的努力去将自身的潜能发掘出来。在这个过程中，我们可能会遇到许多阻滞、痛苦或与厄运作斗争，但是无论怎样，我们的性格力量必须要发挥出来。因为，这关系到我们的人生是否高效。其实，这样超越自我的艰苦过程就好比珠宝只有在打磨之后，将表面的粗糙去掉，让其中的宝玉显露出来，这样才能闪耀其价值的光芒一样。这也是从黑暗走向自由所必须付出的代价。

许多人深深地陷在无知的泥潭中无法自拔。他们无法从教育中获得宝贵的自由，他们的心理潜质从未得到过锻炼，他们没有足够的能力让自己从这种枷锁中挣脱出来。因为，他们在早年的时候就没有获得刺激去弥补这样的缺失。他们觉得自己已经老了，没时间再去学习什么了。在他们看来，人生要获得自由的代价实在是太高了。他们本可以不断地朝着向上的阶梯前进，却仍然在低矮的平原上默默劳作着，被偏见或迷信所羁绊，人生显得狭隘与卑微，这是最没有希望的一种人了。他们的目光是如此短浅，竟然连自身自由与否都无从判断，相反，他们觉得别人是困在牢笼里。这着实让人觉得可悲！

羞涩同样是通往自由的拦路虎。有很多的年轻男女都雄心勃勃，想要大展宏图，却被过度地羞怯的枷锁所阻拦。他们感觉自己心中还有没被利用的潜能，想要努力发挥，却害怕自己会失败。他们缺乏自信，以致无法前进。

不仅如此，他们害怕别人认为自己抢风头或自我表现，于是紧闭双唇，双手颤抖，让自己的理想在不敢行动的思索中失去实现的机会。他们不敢去做自己没把握的事情，总是一味地等待，希望某些神秘的力量能够赐予他们自信或希望。

许多人都由于自身的部分天性没有得到释放而受制，无法通往更为自由的方向。当我们的人生可以做一些更为宏大的事情时，却委身于一些小事之上。当我们无法摆脱阻碍自己前进的事物时，这是难以继续的。由此可见，消除一切阻碍我们前进的事物，尽量让自己处于一种和谐的环境中，这是事业取得成功的第一个前提。

我们中多数人所遇到一个问题是，当我们怀抱要取得成功的野心时，却没有让自己处于理应获得胜利的状态之中。于是，我们将一切过分地交付于运气了。

无法实现的理想或窒息的愿望会不经意间将人的心灵蚕食掉，将品格的力量全部榨干，将希望破碎，阴霾理想，给难以尽数的男男女女的人生带来巨大的伤害。这让他们原先规划的人生变成了一场梦。

试着去问问世上那些取得成功的人，他们都会将自身的成功归功于自身的力量、宽广的视野以及丰富的阅历。他们会告诉你，这些都是他们努力所获得的结果。他们让自己养成了最佳的自律、最好的性格锻炼他们以此来努力摆脱不良环境的影响，打破加诸于身上的枷锁。他们努力获得教育，让自己远离贫穷，实现自己心中渴望已久的梦想，珍视目标——无论是大是小。

一个获得自由的有才华的人要比一个备受羁绊的天才更能有所成就。如果某个天才正被这样羁绊着，他就必须克服许许多多不利的条件，否则，他很有可能就是庸人一个。

对此，我认为任何人要想获得快乐，就必须将自身的性情最大限度地发挥出来。否则，我们是很难感受这种欢愉的。只有最好地发挥自己的潜能，我们才可以逐渐地发掘自己的其他才能。

在今天，有很多人都在为别人工作，而他们实际上都比自己的雇主更有才干，但他们却被债务或交友不慎所羁绊，能力无法得到施展，他们难以获得让自己的能力得到展示的机会。

绝对不要让自己处于一个无法施展才干的位置上，不管这个位置有多高的薪水或有多高影响力与地位。不要人云亦云或失去自己的主见。我们要将自立视为与生俱来的权利，这是无论如何都不能放弃的权利。

世上有什么能够弥补一个富于前途的年轻人因为失去自由的行动或言语与信仰的自由所带来的损失吗？任何金钱能够让他一辈子卑躬屈膝，活在别人的阴影之下，不敢用锐利的目光直面这个世界，让自己的能力就此埋没所带来的缺陷吗？

第十章

当贫穷成为一种祝福

有人问一位著名的艺术家："那位跟你学艺的年轻人日后是否会成为伟大的画家呢？"

艺术家回答说："不，绝对不会。他每年的收入6000英镑。"

这位艺术家深知，面对重重困难下的挣扎与锻造一个坚强和气概的性格是人生的阳光般的宝贵财富，这对人的成长是极为重要的。或许你对此意不大明白，不过不要紧，且听安德鲁·卡耐基如是说："那些不幸成为富人儿子的人真是不幸，他们必然在人生的赛跑中落伍。富人的多数孩子都无法抗拒财富所带来的诱惑，让他们堕落到毫无意义的生活中。穷人的孩子所要害怕的并非这些纨绔子弟。"

卡耐基还说："合伙人的儿子是绝对不会阻挡你的道路的。而是要小心那些与自己一样贫穷，甚至比自己更加贫穷的人，他们的父母无法支付他们上学的费用，无法与你在一个职位上竞争或在擂台上超过你。要小心那些从普通学校毕业后直接参加工作的人，他们可能刚开始只是从事打扫办公室的工作。但也许到最后，他可能就是那位赢取所有金钱与掌声的黑马。"

努力奋斗摆脱贫穷，能锻炼人的能力。若是每个人都是含着金钥匙出世，若是没有人需要自己努力去为生计奔波，我们人类将仍然处于原始社会。

只须稍微浏览一下历史，就会发现在每个行业取得成功的人刚开始都是穷小子出身的。我们这个国家最为成功与有益社会的人都是出身于贫穷的家庭。我们这个时代的著名商人、铁路主席、大学校长、教授、发明家、科学家、制造商、政治家以及人类很多的行动——许多人都是因为迫于生计而不断努力，总是不断地尽自己最大的努力。

许多年轻的移民来到这个国家的时候，都是没有接受教育、不懂我们的语言、举目无亲、身无分文的，但是他们却总是获得显赫的身份与地位，让许许多多掌握了财富、教育和机会的人深感耻辱，这真让人钦佩啊！

能力是战胜自己的结果。巨人也是在与困难的博弈中不断壮大起来的。一个不敢努力奋斗与克服障碍的人是不可能锻炼自己能力的。"不经过风雨的人生，死时，人生只活了一半。"

一个出身富裕家庭的年轻人，凡事总是依赖别人，从没有想过要自己去赚钱养活自己，从小就习惯了娇生惯养，从来就没有锻炼过一种自我鼓励与坚持的能力。这样的人比起那些历经风雨从橡子生长成

参天的橡树，他就像森林深处一株弱不禁风的幼苗。

当然，我绝非在宣扬贫穷所带来的好处，或将其视为一种人生的追求。贫穷本身是没有任何存在价值的，除非我们能够以此作为自己人生不断前进的一个起步点。这就好比体育场的一些体育器材能够锻炼一个人是一样的。贫穷本身就是一种诅咒、一种奴役。为此，我们最好要远离它。如果贫穷不可避免，我们何不坦然面对它，然后凭借自己诚实与科学的方法，必然能够摆脱，最终让自己出人头地。

格罗夫·克利夫兰曾是一个年薪只有50美元的贫穷的职员。他说："贫穷确实没有任何心理特征的发展，没有任何通往真正男人所要求的那种刺激的力量。但是，再也没有比一个适宜的目标与对摆脱贫穷的饥渴的心相结合更为美妙的环境了。"

若不是生计所迫，一般的年轻人会去做什么呢？若他们不需要必须为获得东西而努力，他们会变成怎样？若是他们早已获得自己心中所想的，那为什么要继续去努力呢？若是这样的话，没人会愿意与贫穷作斗争，与生计搏斗，只是为了得来品格或让自己变得更为强壮。相反，他们会抱着更为自私的原因去做——满足自己的愿望，为自己或所爱之人争取更多的东西。

一个意识到自己家财万贯的年轻人会对自己说："一辈子清晨早起工作，这样活着有必要吗？我有足够的金钱让我一辈子过得舒服自在。"所以，他在床上又翻了一个身，继续睡觉。

一个身无分文的年轻人只能依靠自己的双手去赚得自己生活所需的东西，不得不每天都要早起贪黑。他深知，除了努力之外，自己没有任何途径了。他知道，这是一个事关自己是一辈子默默无名还是勇于追求自己想要的生活的一场战斗。

因此，聪明的大自然总是让人类迫于生计，才让他们获得人生最大的奖赏，让他们推动着人类文明的进步与道德标准的提升。**相比于自然所恩赐的人而言，金钱、财产、地位都是相对渺小的东西。**

那么，大自然让人付出什么代价呢？她会让我们接受最为严格的人生自律课程，在社会中不断地累积经验。而一路上我们所获得的金钱或财产只不过是偶然的。相较而言，她并不关心金钱，但是，她需要任何人都必须为自己所收获的付出应有的代价。

第十一章

工作的精神状态

··

　　对一个人品格的测试，关键要看他工作时所处的状态如何。若是他很不情愿地工作，就像一个在鞭子下被迫工作的奴隶，或深深感受到其中的不情愿；若他的热情不能让他脱颖而出，不能让他摆脱无聊、感受其中的乐趣。那么，他将绝不可能在这个世界上获得应有的地位。

　　你看到一个人的工作，就看到了这个人的本质。因为，一个人的所作所为，就是他自己的一部分。一个人工作时候所持的态度，与他工作的质量与效率息息相关，对他的性格也是大有帮助的。正是他在这个世上的举止决定了他的地位。我们人生的工作，就是我们自身理想、目标与真实自我的一种表现。

当一个人滥竽充数、三心二意地工作，是没人会去尊重他的，也不会有人对他所具有的成就持肯定的看法。若是不能做最好的自己，就不应该获得最高的赞美。当一个人将自己的工作视为一种无趣或可有可无的时候，**是不可能做最好的自己、将自身的潜能发掘出来的。**

许许多多的人并不尊重自己的工作，他们只是将工作视为获得衣食住行的一个不得不为之的行为而已，或者说是一种无法逃避的负担而已，而不是锻炼自己能力的舞台，让自己在人生的学校中不断成熟。

他们看不到能将自己最好的一面发掘出来所具有的那种能量。他们看不到通过自己的不断努力去实现自己的那种潜能。如果这些他们都看到了，那他们就可以战胜自己，战胜不断幸福的敌人，然后不断地前进。

他们看不到不经诚实劳动而获得的金钱实际是一种诅咒。这种不正确的态度会将人生中不断振奋的动机消除。他们无法看到战胜自己所需的刺激、能力、高尚与为人的气概。工作对他们来说纯粹是一种负担，是一种难以擦拭的罪恶。

若是我们在工作中时常抱怨或道歉的话，我们很难取得真正的成功。因为，这是一种示弱的表现。

任何值得去做的事情都必然符合人们的利益。无论在什么情况下，都不要让自己将工作视为一种负担。没有比这更损害我们的为人精神了。无论环境多么让人感到不满，都要强迫自己从中找到一些有趣与富有教益的东西。**这是我们工作时所持态度的问题。正确的心理态度会让任何必需的工作都显得有趣与富于教育性。**

倘若你的工作让你觉得毫无生趣，充满了厌倦的情绪，只能感到阵阵的恶心，这样一种气氛必然招致失败的结果。如果我们想要为自己带来成功与幸福的磁石，就必须有某种乐观、积极与热情的力量。

无论你的工作是多么卑微，你都要以一种艺术家尽善尽美的精神去做，从一种大师的精神去做。**因为，只有这样，才能让自己脱颖而出，摆脱将工作视为一种负担的心理状态。**

倘若你能以一种尽善尽美的精神去完成你的工作，而不是草草了事；如果你能拿出火一般的热情，一种全身心投入的专注；如果你决心发挥自己最佳的潜能，那么，你的工作将不再是一种负累。**任何事情都取决于我们工作时候的精神状态以及态度。正确的态度让艺术家去从事最为谦卑的工作，而错误的人生态度则让三心二意的工匠们错漏百出，不论他们的天赋有多高。**

我们所做的事情都是具有尊严的，一种无法言喻的优越感，只要我们能够认真与全面地做好手中的工作。为了人类的利益，没有什么工作是低贱的或不值一谈的。

你一辈子的工作就是你的人生雕像。雕像的美与丑、可爱与否、激励人心或是让人羞耻，都取决于我们手中持有的雕刻之刀。你所做的每件事，你所写的每封信，你所销售的每件商品，你的每个思想或言行，都是美化或丑化这尊雕像的一次捶打。总之，养成坚持将自己能做的事情做到最好，会让你远离平庸与失败，获得成功的人生。

那些未能学会如何让自己摆脱工作的负累，全身心地投入进去的人，其实就是没有意识到人生成功与幸福的第一原则：**若是我们能够以一种主人的精神状态，让自己的工作成为一种高尚的职业，那么最**

平凡的工作都显得与众不同。

我们还没有学会不断自我成长、心智与灵魂不断拓展这门重要的艺术。我们所遇到的问题就是，我们只是浑浑噩噩地存在着，没有内心的激情，缺乏人生的目标。

当我们不能诚实工作，不能做到最好的自己，那么我们就不能过分看高自己。当我们进入社会时，就应该清醒地认识到，自己将要成为一个勇于面对各种挑战的人。

工作中应该展示自己最好的一面。当你做一些最为低级与让人鄙视的工作时，你就是在不断地自降身价，损害着自己的工作，最终你是无法承受这一后果的。

第十二章

你会说话吗

哈佛大学前校长艾略特说："我认为有一种心理习得是对绅士或女士教育所必不可少的，那就是如何准确地使用自己的母语。"

要成为一位善谈者，激起别人对自己的兴趣，吸引别人的注意力，就得凭借自己超群的谈话能力去让人们很自然地走到你身旁。这是一种了不起的成就，会让你胜过许多人。

不仅如此，还能让陌生人对你产生好感，让你能够不断获得更多的朋友，而你与原来的朋友之间的友谊也会得到保持。这不能不说是一件很好的事情。

良好的谈话就能让我们敞开心扉，缓和彼此的紧张感，让我们成为各种场合都受欢迎的人，更好地融入到这个社会里。这种良好的沟通能力让我们的顾客源源不断，更好地适应这个社会，尽管我们一开始很贫穷。

优秀的谈话者在社交上总是很吃香的。比如，任何人都想邀请某位小姐参加晚餐或招待会。因为，她是一位如此优秀的谈话者。**她总是让人们觉得感受到无比的欢乐。她本人可能还有许多缺点，但是人们还是很喜欢与她交往。因为，她的口才很好。**

多数人在说话的时候总是显得支支吾吾。这是因为他们还没有锻炼语言的艺术。当然，也可能是他们不愿意去努力学习怎么更好地交谈。他们所想所思的也并不多，可能是他们没有太在意。许多人都是用很不合适的英文进行自我介绍的，因为他们觉得这样自己最为舒服。但是，他们没有考虑过别人对此的感想。如果他们能用一种优雅、自然、具有说服力的方式来表达自己，情况肯定会更好。

很多年轻人总是羡慕那些说话清晰、简明的人，羡慕他们不需要像自己那样总是在说一些无关紧要的事情来消磨时间。这样的年轻人大多数都是说话没有丝毫的幽默感，他们进行的是不断摧毁自己理想的愚蠢对话。究其原因，是因为他们养成了肤浅与毫无意义的思想习惯。

在大街上、公交车上或其他公共场合，粗鲁的话语我们都是时常能听到的，还有那庸俗的俚语表达方式。比如："你在吹牛皮，小心吹爆了""有种抓我啊""你竟会忽悠人家""你别再惹我了，否则，哥火了""我讨厌那个家伙，我看他不顺眼"，类似的许多庸俗的话语，已经司空见惯了。

通过一个人的谈吐马上会显现出他的文化修养，以及为人的风度。因为，你说什么，说话的方式，这些都在显露你内心的秘密，世界将据此对你做出衡量。可以毫不夸张地说，有时候，甚至会展现出你一个人一辈子的未来走向。

展现良好的外表，给人留下良好的第一印象，这是极为重要的。而一个富于魅力的谈话者则能做到这一点。于是，不知多少人将自己的不断成长、地位以及自身的能力归功于谈话的技能。许多人之所以能当上州长、议员或其他高位，良好的谈话技能是必不可少的。于是，不知多少人将自己社交活动的成功与受欢迎归功于良好的谈话能力。此外，有许多人都是凭着一张嘴让自己获得了一个良好的位置与一份优越的薪水。想想，若是没有这种能力，这是绝对不可能的。

要成为一名出色的谈话者，就必须要表现得自然、充满活力、大方与具有同情心，必须要展示一种善意。换句话说，只有通过友善的交流，才能拉近彼此的距离。若你表现得冷淡、遥不可及或毫无同情心可言，是不可能获得别人的注意力的。这还不够，我们还必须了解让别人感兴趣的事物的本质所在，必须获得别人的注意力，并通过一些有趣的事情来保持他们的这种关注度。

在任何话题上，若是我们都能做到以聪明与有趣的方式与别人交谈，那将大大锻炼我们的心智与品格。在不断强迫自己以一种清晰、简短与明快的语言与有趣的方式来表达自己的思想的过程中，需要极大的自律。如果我们能早一些拥有这样的能力，对我们将来进入社会后的发展就会起到不可或缺的促进作用。比如，我认识一些具有极强谈话才能的人，他们显然在上学阶段就已经拥有了很多优势。我绝对相信，与掌握这门技能的人交谈是一种美妙的享受。

如果你想要尽量提高自己的谈话能力，就要与那些有良好教养与文化的人走在一起。如果你孤芳自赏，即使你是一位大学毕业生，你仍将是一位差得可怜的谈话者。

我们都很同情那些羞怯或腼腆的人，当他们想努力说出自己的想法，却找不到适合的词语，不得不忍受压抑内心的那种情感与思想的桎梏。

当你发现自己想说的思想在将要表达之际却突然不知往哪里飞去了，**即便是冥思苦想也找不到时，那么你可以确定一点，你只有在这方面诚实地努力**，然后才能在下一次让自己更容易地说出心中所想。若是我们能够坚持这样的锻炼，效果是极为显著的。**那些羞怯与腼腆的人就会很快地走出笨拙与自我意识的怪圈，重新获得理解与表达的自如能力。**

许多人都有很好的想法与独到的见解，却因为词语匮乏而无法表达出来。他们没有足够的词语来包装这些思想，这无法让他们显得更具吸引力。他们就像在绕着圈子说话，总是在不断地重复、重复着，因为，当他们想找一个特殊的词语来表达某种特定的思想时，他们却很难找到。

要想改变这一窘境，最好的办法是通过充足的阅读量来实现。因为，这不仅开拓人的视野，让人产生新的想法，而且还能在不知不觉中增加词汇量。总之，拥有充足的词汇量是成为一位优秀谈话者的必备条件。

第十三章

薪水不在你的工资袋里

关于这个主题，若我能对所有在人生道路上起步的年轻人说上几句，我会说："不要过于在乎雇主刚开始给你的薪水，而是要想想你能给自己怎样的薪水，如何增强自己的能力，拓展自己的视野，不断深化自己，让自己高尚起来。"

圆满完成雇主所要求的工作，是树立我们品格与为人气概的基础材料，是锻炼我们实际能力的学校。**这样可以强化我们的心智，锻炼并发展智慧，而非单纯地出于物质利益而斤斤计较。**

若是一个人只是单纯地为薪水而工作，缺乏更高的动机的驱使，那么，他就是一个不够诚实的人。**实际上，是在摧毁自身的名誉。这样的人只是在不断地自我欺骗，做一天和尚撞一天钟。在多年之后，**

他的劳动却始终无法带来相应的回报。

工作之时，你所投入的程度将决定你人生的质量。为此，我们要养成一种做到最好的习惯，绝不接受让自己去完成一些低级或不及格的东西。如果你能做到这一点，将对你的成功起到不小的作用。

工作之时，我们可以获得忠诚的信仰，奉献出自己伟大的精神。在你的行为中，将会展现出更高的目标，而获得结果是如此有益。这种有益在于，雇主给予你的物质回报显得很渺小。**因为，他付给你的是金钱。而你给予自己的却是宝贵的经验、良好的锻炼、不断强化的效率以及自律性。**

人生很重要的一个问题在于人生的自我释放与品格的构造。而那些纠结于薪水问题压倒了本应获得的经验，取而代之的只是一些卑劣的工作。这样的做法是多么的目光短浅与狭隘啊！简直就是对自己应有的利益熟视无睹。

不要担心自己的雇主会不知道你的存在价值，尽量让自己不断前进吧！若他正在找寻一些高效的员工，在这里可反问一句，有哪些雇主不是这样的呢？那么，你的这种做法也是符合他的利益的。其实，这就是双赢的局面。

我们时常可以见到一些聪明的年轻人，他们也许在多年之后，薪酬都是很低微的，但突然间像施了魔法一样，进入了一个重要的位置。原因何在呢？其实很简单。因为他的雇主每周只是付给他几美元，但他们却以热情、决心与高度的责任感去完成手头的工作，并对工作方法有更深入的洞察力，为雇主提供了更为高级的质量保证。

许多年轻人只是因为自己未能获得应有的薪水，就故意将一些本应更为重要与高层次的责任给抛弃了，**因为他们要与雇主讨价还价。**
他们故意采取一种得过且过的工作方式，而不是让自己获得更多与更
为重要的责任。这样，他们是在自我限制发展，让自己变得更加狭
隘，效率更加低效，心灵逐渐生锈。不知不觉中，他们的心胸再也容
不下宽广的东西，在其性情中失去了高尚与进取的品质。

　　他们的领导能力、创造力、计划能力、独创性、发明力，以及所
有让人觉得更为全面与圆满的素质，都会因此阻滞其能力的成长。而
一心想着要与雇主"讨公道"，或因为没有获得满意的薪酬而提供劣
质的服务，这无疑是扼杀自身的前景。他们三心二意地过着人生，而
始终不能保持一颗健全的心智，让自己变得渺小、狭隘与软弱起来，
而非强大、健壮与圆满。

　　当你获得一份工作，只须想想自己实际上是正在为自己而打拼，
你是在为自己而努力。而尽量让自己获得多一点的薪水，这样的想法
应该是我们考虑的"一小部分"。实际上，当你获得了去一家大型企
业工作，与那些踏实做事的人接近的机会，通过眼见耳闻，扩充了自
己的知识面。无论以后到哪里，这些知识与经验都是无价的。

　　下定决心，将自己全面的能力——创造力、独创力运用起来，
去发明一些新颖与更为出色的做事方式，你将不断前进，做到与时俱
进。你将以一种热情四射的精神状态去参加工作。你将会惊讶地发
现，自己很快就会得到上司的赏识。

　　世界上最渺小的人是那些只为薪水而工作的人。你口袋所拿到的
工资是相当渺小的，也许这只是刺激你去工作极为低等的动机而已。
这些工资可能会维持你的生计，但你必须要有一些更为高远的追求去

满足自己。

这就需要我们要有一种正确的认识，做到最好的自己，认认真真地做好眼前的每件事。你应该大声地说："**相比起这些知识与经验，那个只为面包与奶油问题而纠缠的问题是相当无足轻重的。**"

第十四章

善待自己

有些人小心翼翼地保存着家里的钢琴，他们从不让那些烦忧自己的人类杂音来侵扰自己心灵。**他们想在一个陈旧与走调的乐器上演奏出人生的一出交响乐，然后还为自己为什么只能弹奏出杂音调而感到万分惊奇。**

人生的一个重要目标，就是让自己的能力处于最高的标准之中，保存自身的能量，保持健康。**只有这样，我们才能让每个时刻都变成美好的时刻，让自己处于不断发展的环境中。**

我们到处可看到一些年轻的男女事业之途难以前进，他们在庸碌的日子中挣扎着。其实，他们是有做大事的能力的。但现实的情况是，他们只能在小事上唯唯诺诺。因为，他们没有足够旺盛的精力让自身去克服前进道路上的障碍。

为了让自己的能力或潜能得到最大限度地发挥，我们必须在心理层面上善待自己，必须让自己处于积极的心理状态。一个人对自己的看法会显于内、形于外。有句话说得好，"一个人心里想什么，他就会怎样。"若你让自己最大限度地发挥，不要想象自己成为另一个不同的自己，而是要做真正的自己，你就做到了在心理层面上善待自己，让自己处在了积极的心理状态上了。

在每个行业中，我们都可以找到一些员工在工作之时恹恹欲睡，他们生命的活力似乎被吸走了一半。他们的身体充斥着死亡与被毒害的细胞，**只因为他们那种错误的生活方式、错误的思想，以及邪恶的习惯。当看到他们投入很少、获得很少时，难道我们会为此而感到惊讶吗？**

让能量以毫无用处的方式消耗；无法抓住宝贵的机会去发挥自身专长，或是感觉自己只能双手颤抖地抓住机会；让别人感到怀疑；缺乏自信与活力感。这些都**是让一个人最为沮丧的事情。**

很少人对待自己的身体能像他们在面对一架有价值的机器或财产一样付出小心与思量了，因为他们能从中获得巨大的回报。要是他们能以同样的态度去对待自己的身体，那该有多好啊！就以消化器官为例，食物的消化为整个人体提供了能量。据此，我们可以发现，我们中多数人并没有正确地做好这一点。比如，许多身体的能量因吸收了不当的食物而导致无法正常地消化吸收，以致人体真正需要的营养得不到补充。更为严重的是，很多人走上了另一个极端，他们的食物营养搭配不合理。那么，身体的一些组织始终处于一种慢性的半饥饿状态就不足为奇了。不仅如此，许多人由于没有足够的休息与娱乐，让身体的活力不断消减。因为他们觉得自己无法从工作或家庭的烦恼中摆脱出来。

若你不能利用自身的能力，若你的力量遭到弱化，或被一些错误的节省所削弱的话。那么，能力本身又有什么用处呢？若我们身体孱弱，活力不断被削减，无论这是因为错误的生活方式，或是缺乏适当的保养与休息，你的能量在真正利用之前，就已经被消耗了。那么，天资聪颖的大脑甚至是天才又有何用呢？

倘若一个作者写的书内容毫无中心的话，也就无法吸引读者了。因为，作者在写作之时，根本没有用额外的精力去实践。这样的书之所以难以打动人，是因为作者在写作之时，自己都无法打动自己的心。他缺乏创作本身所应有的激情、力量与肢体的活力。他的心灵是脆弱的。因为身体就是这样的。将这种情况放在教师身上也是一样，当然，这里所指的是那些无法唤醒或激励学生的教师。因为，他们自身都缺乏对生活的热情；他们的大脑与神经系统处于一潭死水的状态，能量被消耗殆尽，燃烧与匮乏了。因为他们未能善待自己。

一个想要将自己的能力施展到最大化的年轻人，一定要善待自己。任何给人心灵带来安逸与舒适的东西一定能让自己感觉到和谐，这无疑可以给我们增添能量，增强我们的自尊，让不和谐的东西远离。为了达到这样的效果，我们应该不顾一切地去维护这些。除此之外，还应有一个温馨、舒适与幸福的家庭。

那些将宝贵的精力浪费的人是那种最邪恶的挥霍主义者。他们的这种做法要比对金钱的挥霍更为严重。**他们是在自杀，他们扼杀了人**

生的每一个机会。一句话，不善待自己，与不善待别人一样，都是极大的罪恶。

生命在于效率。若你想在世上出人头地，那么，时间就是宝贵的，你的能量就是宝贵的。这些都是你成功的资本。你不能毫无所谓地将这些扔掉或在无聊中打发掉。

无论你做什么都要积聚精力，保存身体的活力。就像一个落水之人紧紧抓住海水中漂浮的木筏一样，以坚定的决心来保存自己的体力，让身体每一点体力都保存起来。因为，这些都是成功的资本，也是成就为人气概的材料。拥有了这些，那些即使没有钱的人都比那些拥有金钱但却浪费精力的人，以及将宝贵人生能量消耗掉的人都更加富有。相比于此，金块也只不过是烂铜而已，宝石也不过只是垃圾，房屋与土地都算不了什么。

第十五章

以最佳的状态去工作

成功并不取决于你在银行的存款，而在于你自身所拥有的资本，在于自己为人处世的能力以及工作之时所发挥的潜能。**一个因健康不佳或烟酒过度而损耗精力的人，抑或以任何方式来消耗精力的人与那些身体每个毛孔都散发活力的人相比，根本没有任何成功的机会。**

倘若你是一个头脑冷静、做事认真的人，觉得必须做最好的自己，你就会为此付出全身心的能量。这些宝贵的人生资本是极为重要的，只有用于一些有价值的事物上才有价值。

我们应该将任何形式的消沉、任何能量的损耗，视为一种不可原谅的浪费，这几乎可类比罪恶。

我们要终止任何能量的消耗，防止所有成功的资本无谓的浪费。

这样，你就可集中所有能集中的力量，让能量得到最大限度或最为有效的发挥。

我们要让身体的每个功能或每分能量都发挥到最佳状态。这样，清晨起来，我们就能以一个全新的自己去迎接工作的挑战，让身体充满活力，身心正常地去迎接挑战。

倘若你每天在工作之时无法烙下自己强大与坚强的个性，或者若你只能将自己的部分潜能用于工作之中，那么，你只是挖掘了自己的一小部分潜力。

人们所做的最愚蠢或最不理智的事情，就是在每天早上开始工作之时，身体处于一种无法全力以赴的状态，以及只能完全处于被意志驱使的状态。

让自己处于一种适合工作的状态，这样就可以让自己舒适、有自尊地工作，就不再需要挣扎、有压力或患得患失了。要让自己以一种统治感去迎接自己的工作，感觉自己的每一个脚步都充满胜利感。**总之，若你处于最佳的状态，你的举止都会散发出活力。你的每个毛孔都会散发出能量，你能在半个小时里做许多事情。若你能感受健康在身体内的颤动，就会比在精神低沉之时一整天所做的工作量都还要更多。**

看到年轻人总是让自己处于一种萎靡的状态，身体的机能都未能得到充分的发挥，成功的潜能都被彻底地摧毁了，却还妄想自己能获得高位，这不禁让人觉得悲哀。**更让人感伤的是，明知道智慧的升华能让现实的理想显得可能，并可让自己高尚与充实的生活去丰富这个世界，但他们却不选择这样做。**

真正构筑自己事业的材料就在自己身上。你的自我，就是你自己
最大的价值所在。你未来成就的秘密，都潜藏在你的大脑神经、肌肉
之中，系于你的理想、决心与目标之中。所有的事情都取决于你的身
体与心理状态。**因为，这控制着我们的活力与做事情的能力。你所利
用的身体与心理能力将衡量你最终的成功。反之，任何减少你的能力
或成功资本的东西，将会削弱你人生的美好之处与成功的机会。**

许多人在晚上休闲的时间里，要比白天工作的时间里消耗的能量
更多。当然，要是有人直接告诉他们，他们也许会气愤不已。遗憾的
是，他们不明白他们身体的消耗是精力耗尽的唯一途径。不仅如此，
许多在道德习惯上值得效仿的人，都存在着许多消耗精力的方式。他
们沉湎于错误的思维方式中；他们感到忧虑与焦虑不安；他们害怕许
多压根儿就不存在的臆想；他们将工作带回家中；他们在工作之余仍
费尽心思去思虑这些问题。

若你不能明智地将身心成功的资本最佳地应用，在成功之前就要
勇敢地坚持。否则，这些资本存在又有什么意义呢?

一个致命的弱点足以摧毁一个人的事业，它会像一个鬼魅一样萦
绕着人一辈子的工作，让我们不断纠缠于过往那不堪的过错。每次粗
心大意或错误的自大只能让成功的资本不断消耗。

大自然就像母亲一样，并非总是多愁善感或仁慈的。若你违背了
其规律，你就必须接受惩罚，**即便你坐在王位上，在她面前国王与乞
丐都是一概平等的。**你不能以软弱或不足作为失败的借口。她要求我
们时刻要处于自己最佳的状态之中，让你总是做最好的自己，不会接
受任何借口与道歉。

第十六章

自立方能取胜

一般人最糟糕的一个缺点就是，如果他们未能在某些领域内拥有极强的天赋的话，就会很自然地认为就算尽力而为也是没有意义的。

但是，许多没有具备很强天赋的人，他们最终都证明自己是领袖之人。他们一开始可能都没有展现出很强的自立能力，直到他们让自己的能力接受了考验。他们知道如果不去做，就永远也无法抵达自己能力的界限。事实证明，最终他们都成功了。

自立是我们的朋友、影响力、资金以及帮助的最好替代品。它能让人更容易地战胜障碍，变得更加进取，让人的创造变得更加完美，这要比人类很多素质都更要可贵。

每个正常人都能自立或独立起来，但相对而言很少人能拥有这种独立承受的能力，大部分人都想着去依靠别人，跟在别人后头，让别人去花心思计划工作，而不是亲力亲为。他们认为这显然更为容易一点。

让我们不断前进的动力受阻，对自我能力发展构成致命打击的想法，这些都要毫不犹豫地抛弃。因为，别人已经为我们提供了前车之鉴。

一些父母不想让自己的孩子在进入社会之时，经历当年自己一样艰苦的奋斗。其实，这种想法会不自觉地带给他们灾难。因为，他们如果顺风顺水，如果免除了他们所要面对的挫折，也就失去了他们需要的所有动力。毕竟他们天生就是依靠者、模仿者与复制者。因此，他们更容易进入迷途与模仿之中。换句话说，他们始终会复制你的行为，只要你让他们依靠多长时间，他们就会多长时间这样继续依靠着你。

正是自我帮助，而不是外界的影响与推动力，以及自立，而不是依赖别人，让人们产生力量与不断向前的动力。反之，就会像这句话说的一样："那些坐在软垫之上的人，是很容易睡去的。"

正是那些让自己内心清除了所有杂念之人，将所有依赖心理剔除的人，深信只有依靠自己才能取得成功。因为，自立就是打开通往成就大门的金钥匙。自立才可以让能量不断地得到释放。

我们都知道，在风平浪静之时指引一艘船穿越大海，并不需要多大能耐以及长时间在船上所累积的经验。**唯有当大海狂风怒吼之时，当船随时可能被巨浪吞噬之时，当每个人都惊恐万分之时，当旅客们都处于惊恐之中，当船员可能处于哗变的边缘之时，才是考验船长真**

正能耐的时候。

只有当大脑被考验到了极致，当任何的天才与能力都必须去拯救可能的失败时，我们才会发展自己最伟大的力量。为此，我们需要长年累月的经验与金钱，才能在大买卖中免于失败的灾难。

正是当资金拮据、生意惨淡、生活成本高企之时，真正自立的人才能取得真正的进步。记住：哪儿没有挫折，就没有进步，也就没有品格的锻炼。

有很多年纪比你大的人，他们只有一条腿或一只手臂，他们都能自己养活自己，而你的身体健全、机能正常，为什么要期待别人的帮助呢？当你不再从别人身上获得帮助，让自己独立起来时，你就走上了一条通往成功的道路。当你只身一人去闯荡之时，你将发掘隐藏在自己身上的潜力。

有时，缺乏外界的帮助可能是一种祝福。那些给你金钱的人并非你最好的朋友。你真正的朋友是那些催促你、让你自立起来、使你不断前进的人。

任何一个有能力的人都认为，那些自立之人才是真正的人。当某人拥有了高尚的职业或其他让他独立起来的职业之时，他才能真正感受到一种额外的力量，这种力量会让他更加完整与充实。这是任何东西都无法给予的，也是无法言喻的。

世上许多人之所以碌碌无为，是因为他们害怕做自己的事情或不敢有自己的想法。他们不敢去想自己所想，他们时不时要将自己的思想棱角剪掉，以避免让别人生气。他们总是在观望，先看看别人站在什么立场上，无论自己是否同意别人所想。就算他们有自己的想法，也不过是根据别人的想法进行一点小小的修改而已。

对于那些不敢勇于展示自己的人，不敢表达自己的想法的人，直到他们知道有善意的人对他们提出善意的忠告时，他们才可能会去改变自己。当然，如果他自己醒悟了，也可以做到这一点。不过，人性中有某些喜爱天然的天性，喜欢那些拥有自己的想法并且勇于承认的人。这样的人或许更可爱与纯正，因为，他们敢于拥有自己的信条，并且努力地据以生活；他们拥有自信，并且敢于坚持。

第十七章

我们心中的欲望

我们心中的欲望、心灵的渴求，都是我们的想象或慵懒梦想的一些外在的表现而已。**它们属于预言，预测着未来的东西，这些东西都可能成为事实。它们能显示出我们自身的能力，能衡量我们目标的高度，而我们可以通过它们成就自身的影响力。**

心灵的渴望激励着我们的创造性能力。它不断增强我们的能力，增强力量就意味着让我们梦想成真。然而，许多人让他们的欲望与理想逐渐消逝。因为，他们并没有意识到理想的强度与韧度将增强他们实现梦想的力量。

大自然是一间单价商店。如果我们愿意付出一定的价钱，就能买到一些商品。我们的思想就像根系，能向拥有无形能量的广袤宇宙中的每个方向延伸。**至于这些思想的根系，就像宇宙一样处于一种运动状态，并将我们的欲望与野心聚合起来。**

鸟儿在冬天若没有一个想到南方去的强烈愿望，就不会有那么强烈要向南飞的动力了。造物主给予我们心灵所渴望的，只是为了更为宽阔和完整的生活。因为这是造物主表达自身无限可能性的东西，而不是对永恒的渴盼，然而，却没有一个现实去与之匹配。这跟世界处于矛盾之中是一个道理。

在我们合理的欲望中，存在着某种神性。这里所指的拥有神赐般力量的欲望是说，灵魂为了实现这些理想的合理渴望。**因为，我们编织的时间与机会向我们展示了最高级的改变。我们的理想都预示着背后的现实——这些都是我们所希望的。换句话说，只要我们拥有时间与机会，再通过自身的才情，实现理想是完全可能的。**

我们总是不断地通过思想、情感与理想的高度增强或减弱自身奋斗的效果。若你知道他们的理想，就能看到一个人的性情。因为，这总是控制着我们的人生。当我们发展了这种思想的能量、情感、理想或野心，且让我们获得了最强大的根系，这就足以说明，我们应该能让自身的能量指向更为高级与高贵的境地，让我们的思想中充满了向上的想法。那么，我们还犹豫什么呢？还不赶快下定决心，无论我们做什么都应该要有卓越的痕迹。而且在我们的行动之中将不会有任何低级的想法。

总而言之，这种向上的心灵、这种向更为高远与宏大事情拓展的心理，拥有一种更为催人振奋与转变的影响，将我们的人生推向更加高级的境界。不仅如此，你还可以看到一颗饱经训练的心灵总能处于一种最大能力的表现，总能克服不和谐与不友善的东西，以及心灵平和、安逸、效率和成功的敌人。

我们的理想是品格最大的塑造者，有一种巨大的改变人生的作用。我们的心灵的习惯性的欲望很快就会在眼前展现出来，在生活中呈现出来。

只要不断努力地去表达自己，我们就能取得成功，尽管这看起来可能是这样的。然而，那些在我们生活中实现的理想，无论你是处于高度的健康或高尚的品格、高尚的事业，倘若我们能将其视觉化，并努力去达成，这要比我们不这样做更能取得成功。简而言之，切合实际的理想将比那些不切实际的理想更容易实现。

只有当欲望凝结成为决心之后，才会变得更为有力。正是欲望与坚定的决心，才让我们能够拥有这种创造性的能力。正是这种渴盼、希望与奋斗，才让我们收获美好的结果。但一个欲望或一种希冀，要是没有实际行动的支撑，一个被冷漠放弃的观念最终将难以实现。

无论生活中发生了什么，首先都要在我们的心灵中有所印象。比如，建筑物在砖石建造之前，就已在设计师的脑海中形成了完整的细节。所以，我们在做任何事情之前，或取得成就之前，在心中都早已有了影像。说得再通俗一点，就是心中要构建自己所希冀的蓝图。

我们的视野就是人生未来的结构。若我们不努力依照它们，让其变得真实起来，这些影像将始终是一个计划。正如倘若建筑师的计划不能被建筑工人实施的话，这一切都只是海市蜃楼。

若你想要不断提升自己，就要尽可能生动地描绘出一些理想的画面，并且在理想之中拥有一个极为卓越的理想。然后在心智上始终坚持这一点，直到你在生活中感受到其中的向上与成就。如不这样，渐渐地，那些软弱、不完整的人会犯错，并且过着错误的生活，将被有理想之人所取代。如果这样的人觉悟了，那么他将会被更为优秀的自我所替代。

在心灵的持续专注中具有某种巨大的创造性能力，这些都是根源于欲望以及理想的。那么，让我们发展起一种神奇的吸引能力，去创造出属于我们心中所想的东西吧。我们的心理态度，心中的欲望，这些自然会回答我们永恒祈祷的方式——她认为，我们应希冀心中所想为理所当然的。于是，我们便会认清前进的方向，她会帮助我们到达。

第十八章

期望的哲学

养成期望有着巨大的能量的意念，并相信我们能够实现自身理想，我们的理想就能实现。

没有比此刻怀抱着乐观、期许的态度了，这种总是期待并希望最美好、高级与乐观的态度会让人更加欢喜。

我们所相信的是一种巨大的创造性的动机。梦想着美好的家园，取得成功，成为一个有影响的人，能够在这个世上代表着某些东西，在社区中有所作为。这些事情都是强有力的巨大动机。

不知多少人将世上许多美好的事物，诸如舒适、奢华、美丽的房子，漂亮的衣服，旅行的机会、休闲，都理所当然地视为别人的东西，而不是自己的。他们的内心深深认为，这些东西并不属于自己，而是专门为某个阶层所有的。

但为什么别人会处于另一个阶层呢？原因很简单，他们认为自己处于另一个阶层，认为自己是低级的。**因为，他们为自己设定了限制。但是，你为什么不想想，当一个人完全认为自己并不能拥有美好事物的时候，他又怎能获得呢？**

倘若你到哪里都带着一种道歉式的语气，好像你总是乐于为别人捡起他们丢弃的东西，而不是期望自己能获得多少，好像你并不相信伟大的事情会发生在自己身上，不相信世上美好的事物都是为你准备的。那么，你这一辈子就注定是一个平凡的人。

我们会获得自己所期待的东西，可是，若我们没什么期望，也将难以获得什么。不仅如此，任何人当他认为自身的能力有限的话，都是难以获得成功的。

要想获得财富，但总是认为自己应该贫穷，总是怀疑自己去获得自己所应该期望的努力不会有什么结果，这就像南辕北辙一样。因为，当一个人怀疑自己取得成功的能力之时，他是无法取得成功的，这种心持怀疑的态度必然会招致失败。反之，那些成功之人必然是期望成功的。他们必定会思想上进，富于创造力、建设性与发明性。最为重要的是，他们知道这些东西是极为重要的，是不可能放弃的。

做某一件事情却期望着其他事情，这是致命的，一心怎能二用？无论一个人如何期望成就，一个可悲与贫穷的心理态度将关闭所有思想的渠道。这就是许多人的大部分努力都付诸东流的原因所在。因为，他们的心理态度并不与他们的努力成正比。当他们在做着一件事情的时候，心中真正期望着其他事情。他们让自己远离自身所追求的事物；他们心中抱着错误的心理态度；他们并不想怀着期望或赢得胜利的信心去面对工作。只有摒弃这样的心态，他们才能拥有战无不胜的决心与信心。

"无论心灵期望什么，都能获得实现。"任何事情都无法比一种让自己活力降低的心理状态，总是在找寻自己害怕的东西，总是小心翼翼地关注着我们一些病症，更让我们的病情更加严重的了。这种对某事持久的期望都会让我们为之受害，最终让我们深受其苦。这种心态吸干了我们的生命活力之源，让"受害者"迅速失败。反之，如果我们能健康地、充满希望地期待，并拥有简明清晰的信念，那么，我们的疾病极可能得到治愈。我想，很多人都明白这样的道理：一个病人的性情、宽慰的心态以及对医生无可争辩的信念，这要比医生的药效更为重要。

由此可见，期望未来充满美好事物的习惯，你将变得更加健康、兴旺与幸福。在你的人生社区中将有更多的分量。记住：在人生的起步阶段拥有这些良好健康的习惯，这将证明要比金钱更具价值。不仅如此，养成期望对自己美好事情的习惯，将我们自身最美好的东西都呼唤出来，这能够唤醒我们更为强大与更为高效的能力。

许多我认识的成功人士都有期望美好事情的一面的习惯。无论事情的外观多么暗淡或让人沮丧，他们都能一直勇敢地坚持到最后。这种持续期望的态度，以某种我们未知的神秘方式吸引着我们去做事情。正如如果我们努力抓住机会的话，就必然能够有所成就一样。

我们自身具备的功能都是在有序的状态下工作的。这些功能会倾向于去做或产生人们所期望的样子。若我们希望大的话，有巨大的欲望的话，并且坚持让它们帮助我们取得成功，它们将会循规蹈矩，并且对我们有巨大的帮助。

全身心地去相信，你将能够去做自己想做的。绝不要对自己有什么怀疑。如果你有所怀疑，那么，赶紧将这种怀疑的思想从脑海中赶走吧！让一些友善的思想或积极的理想来填充，让你为之努力。

让自己生活在心灵不断期望美好事情的状态之中，让自己深信，一些更为美好、宏大与美丽的事情都在等着自己吧！如果你的努力是明智的话，若你的心态能够处于一种创造性的状态，你将能够努力实现自己的目标。

没有比养成一种富于希望的人生态度，或期望事情能够向好的一面发展，而不是坏的一面发展更能提升我们的习惯了。只要能做到这样，我们就能够取得成功，而不会失败。无论发生什么事情，我们都能获得幸福。

一个天生拥有巨大期望的人，有决心去实现自己的理想，无论面前遇到什么，他都能凭着英勇的决心去摆脱成功的敌人，勇敢地向前。

第十九章

时刻提升自己

若让水处于平静的状态，水很快就会停滞下来。哪怕是最能干的商人，倘若他不时刻处于一种警觉状态之中，时刻找寻着更好的方式或是最新的改进方式。那么，他最终会倒退的。

而任何进取之人的一个显著特征，就是他们总是时刻提升自己。他们知道，一种不断下降与崩溃的能量总是与低劣的品质联系在一起的。他们害怕自己不断地倒退。

任何人都无法承受将工作带到一定劣质的后果。所以，我们必须不断地突破自己。当你沾沾自喜的时候，就注定无法继续前进了。同时，这个时刻也是你事业开始下降的转折点。

每天早上起来，下定决心要比前一天更加努力。晚上，当我们在离开办公室、工厂或其他地方的时候，要坚信这样的内容：让自己比前一天晚上拥有更好的状态，让自己的能力一点点地增加。如果你能坚持下去，那么在一年之内，你将惊讶地发现自己给企业所带来的巨大改变。

保持时刻提升自身的习惯，或将它们提升到更加高级的层次，或让所有事情都变得更好一点。总之，这种习惯是具有传染性的。对企业雇主而言，你的员工将会感受到这种精神或试着去改变一天的工作。

若你能够激励别人去自愿地做到最好，你的工作将得到极大的提升。而一个始终能够激励别人的人，一定比那些总是忧郁或沮丧之人更有活力。因为，后者通过批评或苛刻的评判来杀死人们的理想。

上进之人总是能与竞争对手共同进步。**比如，他一定要去参加一些模仿的商店、工作坊、展览会或开业——任何可能带给他机会的事情，去学习比自己现行更好的工作方法——获得新颖的思想，让生意获得更新鲜的血液。**

对此，一个在芝加哥成功的零售商说，一个星期的假期去参观国际杂货商店，完全改变了他对待商业的看法。每天，他都要到东部参观一次，学习该行业最先进的经营管理方法。他感觉，为了让自己免于落后挨打的命运，让自己从工作之中获得更为宽广与不偏不倚的观点是大有好处的。**除了获得新的观点，提出更为有效的办事方式，更好的选择与摆设商品的方式，他还宣称，每当他每年旅行回来，他的商店都比一个星期之前有所改进了。一句话，他进步了，他比以前更成功了。**

现在，让我们来对他进行分析。比如，一些小的缺陷他之前可能没有意识到。商品的摆设显得没有魅力，店员粗心或粗鲁，这些可能看起来很琐碎。若他们想获得别人的注意，就要勇敢地面对陌生顾客或随便看看之人。这一点很重要。当他获得了全新的视野之后，"琐事"（以前被忽略了的一些不重要的细节）就会变得极为重要。然后，他就开始了对商店的全面整顿，诸如将所有摆设的商品重新整理，让一些无能与冷漠的员工离开，并且以全新的氛围开展工作。这种全新的方式对于顾客有着重要的影响。

一个从不离开自己商店的人，是不能从别人那里获得灵感的，也无法知道自己商店或职员所存在的问题。**唯一让人的视野更为清晰的办法，获得全新的视野就是到国外看看别人在相同领域中做什么。**正如人类系统中的血液总是不断地新陈代谢，让身体处于更为强壮与精力旺盛一样，**从商之人要时刻获得新的观点与更为优越的观点，才能达到期望的目标。**

很少人意识到第一印象在工作之中的重要性，或从外人看问题的观点中受益。而那些总是待在一个环境中的人必然会陷入以往的车辙，他们总是习惯于原先古老的环境。**这样他们就会渐渐无法注意到一些缺陷正在不经意地潜入进来了。**他们目前的状况直到他们在不同环境中才会意识到自己必须做出改变，否则，这将给他们带来不可估量的损失。当他们这样做，成功之后，就会意识到第一印象所带来的巨大力量。例如，一个从事酒店的人，将会意识到事情需要改进。当他走进竞争对手的酒店待上一个小时之后，这要比那些从不参观其他酒店的业主在一年之中看到的东西多。

　　许多人所遇到的巨大麻烦，就是他们认为必须提升自身的工作，以某种神秘的方式不断地向前。他们不知道总是需要不断地提升自己。**其实，在日常的工作中不断提升自己的水准，这才是最重要的。因为，逐渐改进、演进才是最为有效的，而不是某些天马行空的改变。而且，从长远来说，这也是最为有益的。**

　　将这个视为座右铭吧！最好每天早上在你的办公室里都能看到：**我今天应该如何改进自己呢？**我认识一个早年就应用此条座右铭的人，这条座右铭始终成为他一生中不断前进的动力。你能看到这种心理影响在他所做的任何事情上的影响，**他总是不断地想去提升某些事情。**

　　这样行为的结果是，他的能力不断得到提升，他的工作并没有邋遢的结尾或半途而废抑或狗尾续貂，而是圆满地完成工作。

　　这是他做任何事情的一个标志，这也是他的优越之处。

第二十章

贫穷是一种疾病

这个世界上许多贫穷都是一种疾病，都是数个世纪以来错误的生活方式或错误的思想与罪孽所致。

我们都知道贫穷是不正常的状态。因为，这无法与任何人的正常存在，这与人性中的神性的希望与预测相违背。无数个例子都在证明一点，富有才是人类的遗产，如果人们能够勇敢与坚持的话，就能获得富足。

若世上所有的穷人都能远离黑暗与让人沮丧的环境，去面对阳光与欢笑，如果他们能够下定决心，他们不再沉湎于贫穷与尴尬的存在下，这种勇敢将在短时间内改变人类的文明。

许多人都认为，他们能做到最好来摆脱贫穷，但是他们并没有尽自己的一半努力去做。

接受安逸除了自我消沉之外，更能摧毁别人的事业，而懒惰与自我消沉则通常是沆瀣一气的。

事实上，世上诸多贫穷的原因是，懒惰、无常与不愿意努力去做，不愿意去为自己而努力竞争。

一个性格坚强的人与某些性格特点是与预防贫穷不相匹配的。自立与男子气概的独立都是坚强性格的基石。我们时常发现，这种性格存在于许多尽管努力摆脱贫穷的人身上所做的努力。他们是厄运与灾难的受害者，这些都不是他所能控制的。但是，那些人因为自己失去了勇气以及对自己失去信念而贫穷的人，他们或是因为过于懒惰，或是因为不愿去为提高自身竞争力而进步。总之，他们为此付出了代价。我要告诉你们：缺乏这些特性，这都不是一个人所为的。相比于那些拥有强大心理与道德的人，这样的人是一个弱者。唯有持续努力去获得竞争力，才能让他们充分发挥自身所具备的无限潜能。

当你下定决心，你将不再忍受贫穷之时，你将会努力上进；你将从自身的衣着中擦去这些痕迹；从你个人的风度、你的言论、你的行为、你的家庭摆设，你将向这个世界展示你真正的能力，你将不再成为一个失败者，你将让自己面对更为美好的事情，让自己更具竞争力。一句话，**地球上任何事情都不能让你动摇信心。你将惊讶地看到，这种不断增强的能量将让你充满自信与自尊。**

若有任何事情摧毁你的能量，我们将让自身在不幸的环境中达成妥协，而不是视为不正常的状况而远离。因为，这样的我们无法保持一定的表面形象，或者像富有的邻居那样拥有富裕的生活状态。因为，穷人通常变得更加沮丧，他们也不想尽自己最大的努力了；他们并没有使出最佳的能力，用自己最大的能力去摆脱贫穷。

今天，许多贫穷的人所面临的问题是，他们对摆脱贫穷并不感到自信，他们已经适应了这种环境，并且认为这就是自己的命运。

当一个人停止了努力，放下手中的枪举起白旗之际，除了重新恢复他失去的自信，让他的大脑重新拾回之前被扔掉的信心，还有什么比这更好的办法呢？因为这将决定他自身的未来走向。但前提是，他必须学会自救，否则，别人也是无能为力的。

没有任何天命注定某人处于贫穷之中或是处于痛苦与恼怒的环境之中。**我认识一个年轻人，他从一所很著名的大学毕业，他身强体壮充满活力，然而，他却宣称自己没有钱去买草帽。若他的父亲每周不寄来5美元的话，他就会挨饿了。**

这个年轻人就是沮丧的受害者，他并不认为自己能够取得成功。他试了很多事情，并且统统都失败了。他说自己对自身的实力感到非常怀疑。他接受的教育是完全失败的。当他接受一份工作之时，从不相信自己能够取得成功。所以，他从一份工作换到另一份，不像其他人的心态。正是因为他的心理态度，正是因为他没有以正确的方式去应对，所以才沦落到今天的地步。

贫穷本身并不如贫穷的思想那么可怕，那种认为我们贫穷的想法一直延续下去的想法才是最可怕的。若你感觉自己处于低沉或贫穷的状态中，你所面对的一切都是那些阴暗或沮丧的东西，不妨试着勇敢地面对，并且努力地去面对，或从另一个角度来看，朝向希望的阳光，让所有的阴影都逐渐隐去。

　　将所有的贫穷的思想都斩掉，抛弃所有疑惑的思想，从你的心墙上撕下所有阴郁、沮丧的图画，并且挂上光明、充满希望与乐观的图片吧！

　　下定决心，用尽自己的能力，世上有很多美好的事情都在等着我们去做，你能享受到属于自身的份额的。不要去伤害别人或阻碍别人，你应该让自己更具竞争力，让自己获得富足，这才是你与生俱来的权利。

　　我们认识到，在人生中只有不断地坚持乐观的思想，不断地向前努力，才能远离贫穷。

第二十一章

敏捷的勇气

勇气是解开许多困难的钥匙。试问，又有什么是勇气所不能解开的呢？

勇气无数次让我们偿还农场的贷款；让精打细算的妇女为家庭攒钱；让我们渡过难关——让数以千计的家庭在紧急与灾难的时刻，在经济困难中安然度过。也正是因为这样，让贫穷的男孩、女孩们能够上大学，在这个世界上找到属于自己的位置；让残疾人有能力去供养自己年老、患病的父母。总之，勇气让我们铲平高山，架通桥梁，用电缆连通大洋，用铁路来缩短距离；勇气让我们发现新大陆，并且赢得了历史上最伟大的战役。

任何东西都无法替代目标的坚韧，任何东西都不能取代勇气的地位，教育不能，金钱的放纵不能，有影响的帮助不能，任何门第与运气都不能。

目标的坚韧是所有成就大事之人性格的特征。**尽管他们可能缺乏一些让人可喜的性情，可能也有不少软弱之处。但是，坚韧、勇气却是这些真正做事之人所不能缺乏的。总之，沉重的负担不会让他觉得反感，劳作不会让他觉得厌烦，困难无法让他觉得沮丧。无论发生什么事情，他都会坚持下去。因为，坚韧是他的本性之一。**

相比一些刚开始有金钱起步之人，更多成功的年轻人是以勇气为其资本的。这要比那些缺乏勇气、一生碌碌无为之人要可贵得多。

综观历史上有成就的人的历史，都阐释了勇气能够战胜极端贫穷的道理。去世的克雷格女士（约翰·奥利弗·霍普斯）曾说："**美国成功的秘密就是并不惧怕失败，而是怀着巨大的热情与力量去做，不去想可能的失败。而若真的失败，会比之前怀着更大的决心去做，直到取得胜利为止。**"

对一些人来说，每次失败都是致命的。但对于那些具有强大勇气之人，对于那些坚持不懈之人，对于不知失败为何物的人来说，他们的字典里从来没有所谓的失败。不仅如此，那些一心想要取胜的人从来都不会想到最终失败的结果。他们每次跌倒，都会以更强的勇气爬起来，然后以比之前更强大的决心去做，直到最后取得胜利。

无畏，勇敢，这些品质自古以来就是伟人的性格特点。那些缺乏勇气的人，总是害怕冒险，在困难面前畏畏缩缩，无法放弃安逸的生活，延迟自身的欲望，这些人只能取得一丁点成就。

你是否见到一个永不言败的人，无论发生什么事情，都是具有勇气的。每次失败之后，都能面带笑容、满怀更为强大的决心继续前进。你是否见到一个人不知道失败的含义，就像格兰特将军，永不知道失败的感觉。在他的人生字典里，永远没有"做不到"或"不可能"的字眼。**在他面前，没有任何障碍能让他屈服，任何困难的阶段、任何厄运或灾难都不能让他感到沮丧。**若你能做到这一点，你就是一个真正的人、一个统治者、一个国王。

极少人能够忍受苦难与匮乏或刺痛人心的贫穷。在自己的生活中，看看那些曾诱惑你向后退的时候吧！这就是一个危险的转折点，也是决定性的时刻。历史上所有伟大的事情都是在大多数人都畏缩之后，仍旧前进的人所取得的。

几乎任何让人类免于负累的发明，并带给人类安逸与更好设施的东西，都是凭借极高的勇气与坚韧才能成为可能的。在多数人都已经放弃之后，仍能继续前进的人，那些不断坚持的人，那些在别人称他为傻瓜且在无法通行的时候仍旧前行的人，好好学习他们的这种大无畏的精神吧！

许多人的生活中充满了太多的半途而废的工作。他们刚开始的时候充满了热情，但后来却逐渐降温。因为，一开始热情之人并没有足够的勇气去善始善终。

一开始做某件事，并不需要多大的能力，我们不能以某人去做事情的多少去衡量某人，也并不以他在一开始时的速度来衡量，而最终的结果才是最重要的。试想一下，若是当心智充满活力之时，在失败没有让心灵觉得灰暗之时，去做一件事情是多么容易啊！

对我们性情的测试，正是在于我们对所做事情的坚持。坚持的能力是人类美德中最罕有的，为此，我们必须要有足够的勇气，渡过最后的难关，完成最后一击。

许多人都是随波逐流的。比如，当大多数人都已经放弃的时候，当别人后退的时候，也有一些人感觉自己正在为原则苦苦地战斗。此时，是继续坚持战斗，还是选择放弃，则需要做另一番努力，这种努力是对自身心灵的矜持，对心理状态的良好调整。简言之，这是需要勇气与心灵的振奋的。

一个商人的朋友在谈到让人就职应有的一些良好素质之时说："此人有坚持能力吗？他有坚持不懈的力量吗？"

是的，这就是你人生应该自我拷问的问答。"你是否有坚持不懈的能力？""你能坚持自己的建议吗？""在失败之后，你能继续坚持吗？""你是否有足够的勇气去坚持——坚持己见，尽管遇到最让人沮丧的障碍与挫折？"

第二十二章

勇不可当的目标

在水产生蒸汽之前，必须要加热到220华氏度之后才行，200华氏度不行，210华氏度也不行的，而水一定要在其能够产生蒸汽的时候才能推动引擎，才能让火车运动起来，而一些不温不热的水是难以驱动任何东西的。工作中不上不下的表现对一个人成就的影响，正如不温不热的水无法驱动火车的蒸汽机一样。要是一个人的能量没有达到沸腾的地步，人生这辆火车根本无法开动。

许多人都想用不温不热的表现来推动人生这辆火车，或者以接近热情的表现去做。他们在想，为什么自己总是停滞不前，为什么自己就无法继续前进呢？

人生所具有的巨大能量必须有勇不可当的目标。这个目标让我们不顾一切、勇往直前。这个目标是我们继续前进的至高原则，它让我们是如此振奋与紧迫，同时也让我们对别人的认可充满了渴盼。

一个拥有坚定目标的人是积极向上、富于建设性与创造性的人。因为目标坚定能使任何一个想要获得某样东西的人都能够实现梦想。不过，这也需要一个先决条件，这就是只有那些强壮、充满活力、拥有伟大目标的人，才能真正取得伟大的成功。

你如何面对困难呢？在困难面前，你是否会觉得害怕、犹豫、一再延迟或踌躇不前呢？你是否感到害怕呢？你是以一种道歉的方式还是疑问的态度，如"我能够做吗？"或是"将要以哪种方式去做呢"或是你以一种无坚不摧的决心与大师级的力量去做好呢？

在毫无保留的决心中具有巨大的能量——一个强大、坚持与坚韧的目标，这会让我们无路可退，让我们能清除路上所有的障碍，**让实现自身的目标。无论这需要花多长的时间，无论需要付出多大的牺牲和代价。**

一个拥有勇不可当目标的人，在他的人生社区中将具有一种强大、向上与旺盛的能量。他的那种坚定的力量显示了他是一位认真的人。他的人生拥有一个目标，并能够达到这个目标。他的脸就像迈向目标的火石，所有的障碍在这个目标面前都会消融掉。为此，人们愿意花时间与他讨论事情。

一个伟大的目标是对年轻人的一种巨大保护。这让年轻人可以远离众多的诱惑，而在其他情形下，年轻人可能早已被一些不良的习惯所引诱。

当你发现一个男孩在内心下定决心，**并拥有自己的目标时，他就**

会一心一意去实现内心所想，就不会再有什么推辞与借口可言。这种人必定能够取得成功。

一个人若是在目标坚定与坚持理想的状态下有条不紊地工作，就会有某种神奇的力量在他内心涌动。**一个人性格中坚定的能量是不断促进他取得成功的重要因素。**

当一个新目标出现在某个人的面前，他若知道觉醒与把握，那他曾经沉睡的能量就苏醒了，在一个人的心中诞生了。预示着他就是一个全新的人了，他就能以全新的视野去看待一切事物。所有的疑惑、恐惧，这些在昨天让他止步不前的邪恶诱惑，这些过往让生活停滞不前的东西，都会像变魔术一样神奇地消失了。之前的那个他会被一个全新的目标所带来的全新呼吸所赶走。美感与条理将替代模糊与困扰，秩序将代替混乱。总而言之，所有沉睡的功能都能苏醒过来。

若这个世上有什么事值得一个人去为之努力的话，那就是自由追求自己的理想。因为，只有在追求理想的过程中，我们才有机会让自身的能量不断得到释放，让自身最大的潜能都释放出来。这是让我们以最为宏大、最为完美的方式去阐述人生的方式了。亲爱的朋友们，让自己做到最具原创性，做到与众不同吧！

若某人不去追寻自己的理想，不去实现自身的最高理想的话，他的人生或多或少都是失败的。无论他是出于一种多大的责任感，或是他发挥自身多大的能量去克服障碍。

要是没有能量的集中，任何人都无法做到全面、富于发明性与创造性。心灵的专注是我们实现理想与人生目标的唯一途径。我们不能让心灵专注于我们没有热情与兴趣的事情之上。

　　我认识一位年轻人，他似乎对自己日后的事业感到害怕。他总是在想着，自己是否处在正确的位置，自身的能力怎样才能获得最大的发挥。当他遇到困难之时常常失去信心，或者当他听到别人在某方面取得成功时**会感到沮丧，觉得自己是否也应该处于别人的方向上——他不那么确定，因为缺乏信心。**

　　若某人对自身工作不加关心，他就很可能自己对自己放弃了。你可以肯定他不是处于正确的位置上。假若大自然让你处于某个位置上，若这种呼唤在你的血液中流淌，这就是你的人生的一部分。你无法逃避这个事实，这与你是不可分割的。你无法摆脱，正如你无法自己脱掉身上的斑点。

　　所以，当一个年轻人问我他是否需要改变时，我敢肯定，他并不处于上帝本应让他所处的位置上。**因为，他的天赋正如他的性情那么真实，这要比他的心跳更为贴近他的自身，要比他的呼吸更加贴近他的心灵。**简而言之，上帝赐予的天赋就是他本该去实现的。这种天赋在他身体的每个细胞中，他是无法摆脱的。

　　那些让人生显得与众不同的东西，让我们充满力量的东西，都是我们最想获得的东西。我们必须坚定地去做。无论我们要等多久，无论这个目标要经过多少风吹雨打，无论环境多么严苛，请相信，这个目标终能实现。

　　我们绝不能失去追寻目标的希望与决心。

第二十三章

责任催生能力

威力巨大的鱼雷所潜藏的能量足够将战船摧毁。但是，这些具有巨大威力的鱼雷在常规的撞击中，是无法引爆其中巨大能量的。

小孩可与炮弹玩耍数年，有趣地翻滚着，在上面做着各种游戏。而这些炮弹在引爆之后所具有的能量足够摧毁一幢普通的民房。但这必须通过加农炮发射出来之后，才拥有可怕的力量，**也唯有在遇到巨大的阻力之时，才会产生巨大的爆炸能量。**

同样的道理，每个人都拥有这种巨大的能量与最高的力量。但是，只有在他们接受了一个巨大的责任、一个紧急的情形或在生活中遇到了巨大的危机时才会正式产生。

在农场砍柴、打杂，或在城镇上做些杂活，哪怕是在西点军校里学习或在墨西哥战争中，都无法激发格兰特将军内心沉睡的力量。**只有在内战一触即发的紧急情形下，他才能从原先默默无闻的状态下瞬间爆发。**

人们具有巨大的前进动力，但这些需要在巨大的刺激下才能引爆。**任何一般的情形都无法将沉睡的能量惊醒，这好比任何寻常的经验都无法将这位伟人的潜能挖掘出来。**

务农、砍柴、劈围栏木、测量，当售货员、州议员、律师，甚至在进入国会之后，这些经历磨炼了林肯，让他变得足够强大，让他的潜能被激发出来了，将他内在的潜力一下子点燃了。然而，**只有身处国家最危险时刻的责任，也许才能将这位美洲大陆上最伟大之人的能量完全激发出来。**

历史上许多最伟大的人直到他们失去了一切，唯剩力量与勇气之后，才会发现自己的全部潜能，或直到一些厄运降临在他们头上，他们被逼上梁山，才会走出困境。

巨人们都是在苛刻的环境下成长的。他们之所以成为巨人，是因为他们能够克服困难，完全掌控着艰难的局势。**他们已经获得了足够的力量，一种拥有克服困难障碍的力量。**

许多商人直到他们处于危机或不幸之中、陷入贫困之后、让他们一无所有之时，才获得了真正的动力。许多男女都是知道他们认为自己有助于取得成功的东西都在不断地远离自己的时候，直到他们将生活中一些看似重要的东西剥去，他们才能唤醒自己的潜能。

只有当我们觉得无路可退的时候，所有的后备计划都没有了之时，我们没有了任何外在的帮助之下，我们才能完全将自身最大的潜能发掘出来。而当我们还在依赖于外在的帮助，我们就永远也难以知道自身的实力。

我们最大的能力、最大的可能性，潜藏在我们深深的本能之中。这通常需要在一个极为紧急的危机下，才能让潜能挖掘出来。不知多少年轻的男女将自身的成功归功于厄运让他们失去了帮助——可能失去了亲人、生意的失败或家庭的损失、一些巨大的危机，这才让他们使出浑身解数，让他们为自己而不断努力。

年轻人突然间被迫要因为某场意外或亲人的死亡而担当重要的责任的话，他通常与半年前的自己判若两人。他们会拥有一些优秀的品质，这是之前人们无法想象的。是责任成就了他们。反之，他们之所以一辈子都软弱，是因为他们从未因为担当责任而让自己更加进步起来。他们认为自身不能做好，他们总是在执行着别人的任务，他们从未试过独当一面，没有为自己着想，也没有想过要自立起来。

这就是说，责任是能力的重要推动者。一个从不担当责任的人永远也无法挖掘自身真正的实力。这就是为什么要找出一些坚强的男女终身待在一个低下的位置上、处于始终为别人服务的位置上的案例极为困难的原因所在。

创造、组合，应对危机的能力，源于不断地去应对困难的情形所产生的能量，让自己不断应变的能力，让人有能力去应对一个国家的巨大危机。

最伟大的能力并不总是与最强大的自信与最狂热的野心相伴的。只有通过巨大的责任下实用的培训，人才能真正有所发展。

没有比那种认为年轻人身上的天赋会自然显露这种说法更加误导

人的了。因为，这种天赋可能显现，也可能不会出现。这在很大程度上取决于环境，取决于一个人是否处于振奋人心与催人上进的环境之中。

将重大责任交付一个人，让他处于无路可退的地步，形势将会让他拿出自己所有的能量，这会让他所有的能量、力量、才华、自立，以及他的应变能力发挥到极致。若他身上有任何领导能力可言的话，责任将会让这种能力显现出来。

我的朋友，要是有责任落到自己身上，要高兴地欢迎。因为，这可能就是你取得成功的开始！

第二十四章

果敢决断

世上最悲哀的事情，就是一个人永远都悬在半空中发抖，不知道自己应该往哪里走，总是思前想后、犹豫不决，深受巨大压力的痛苦。这样的人并不能知道其自身决断的能力，所以他总是接受最后一个人的建议。而一个总是在最后时刻屈服的性格，总是易于改变自身信念、总是无法坚持自身信念的做法的人，他的自信心将遭受巨大的打击。

许多人似乎都对决断事情有莫大的畏惧，他们并不敢去承担责任。因为，他们不知道自己要往哪里走。他们害怕，如果自己今天做出决定，而明天可能会出现更为美好的结果，这会让他们为今天的决定感到后悔。这种习惯性的摇摆者完全失去了自信，他们不敢完全信赖自己去决定任何重要的事情。他们中许多人总是不断地因为养成了这种犹豫不决的致命习惯，而让自己的心灵力量毁于一旦。

总是在等待着肯定的道路，总是站在溪流边上等待着被人推一把，而自己从不敢到达对岸的人注定只有失败与后悔。而那些能迅速做出决定的人，是敢于承担决定所带来的后果的。因为，无论他做出了什么决定，他们都敢于承担，而不是逃避。无疑，这样的人要比那些羞怯、犹豫不决与总是害怕走上错误道路而不敢迈开一步的人强许多。

若犹豫不决的因子在你的血液中流淌，请赶紧唤醒自己吧！将这个可恶的敌人扼杀掉，勇敢地取得成就。这样才能免于被这些习惯榨干自己，不会毁掉自己的人生。不要等到明天，而是要从今天就开始。

强迫自己去发展一些之前没有的能力吧！通过不断坚定的训练，无论你要决定多么简单的事情，无论是选择帽子或外衣的颜色或款式，都不要犹豫不决。

在做出决定之前，要将所有的因素都摊在眼前，权衡利弊，并从每个观点来审视，利用自己的常识与最好的判断力来看。之后，才做出最后的决定。

当你一旦做出自己的决定，就不要改变了。不要有所后退，不要思前想后了，不要在继续纠缠于讨论了。而要肯定与积极地宣称讨论已经结束了。

在自己养成果敢决断的性格之前，要继续坚持下去。你将惊讶地发现，这将对你有极大的帮助。这不仅增强你自己的自信，也增强别人对你的信心。你可能在刚开始会犯一些错误，但是，在你做出判断的过程中，所获得的力量与依赖将会让你收获颇丰。

我认识一个人，他总是不敢就任何事情有所决定。每件事情都要不断地讨论，不到最后一刻，他都不会做出最后的决定。**因为他害怕自己会到时变卦**。我见到他打开一个信封时，在将要粘好邮寄之时，总是要再做一些修改。他总是要在别人打开信封之前，发电报通知别人，让人先把信封寄回来。

尽管此人是一个杰出的工人，一个有着优秀品格的人，一个友善的朋友，但他却被视为天马行空与没有主见的人。他总是不断地重新考虑着心中所想，不断地翻新着早已做完的事情。而他也难以从那些拥有果断性格的人身上获得信心。**每个认识他的人都为他的这种软弱感到可惜，并不想将任何重要的事情托付给他。**

我还认识一位女士，她也是属于犹豫不决型的。在其他方面上，她的性情都是不错的，但她就是有这样一个缺点：每当她想要去买什么东西的时候，都要将整个城市的街道逛上一次，目的只是找一件自己喜欢的衣服。她从一个柜台跑到另一个柜台，从一间商店到另一间商店，将衣服拿到柜台前，比画着，从不同的观点来审视其中的差异性。但她却总是不知道自己到底要什么。

她总是希望自己能够找到显出"阴影"与众不同的衣服，或在款式上有所不同的衣服。但她自己也不能准确地说出什么才是最适合自己的。她将整个购物商店的帽子都试戴了一次，再看一下所有的连衣裙，不断地提问让所有的职员不胜其烦，最后可能在回家的时候还是双手空空。

　　她想买一些能够保暖但又不能太重太暖的衣服，她想买一件无论在夏天或是冬天穿起来都舒适的衣服，一些能够在高山或是海边都适宜的衣服，无论是到教堂或戏院都是适合的衣服——这些奇异的组合几乎是无法达到的。**若她真能买到的话，她也会怀疑自己是否真的做了一个正确的选择，思索着是否要回去换掉，并且征询每个她认识的人的意见。每件衣服她都要换上两三次，总是不感到满意。**

　　心灵的这种摇摆与不果断对于所有性情的建构都是致命的。任何有此等坏习惯的人，都无法构建起坚强的性格与有力的个性。这种习惯会摧毁人的自信与判断力，并且对所有心智的活跃都具有摧毁性。

　　你的判断力必须在自身性情的深度之中。**就像深海中平静的海水，即便情感的波浪再汹涌无常，也无法让其到达心灵的任何地方，比如，激情、情绪、别人的建议或批评，以及表面的烦恼。**

　　坚定的性格能让我们的能力大增。若你不能做到这一点，你的人生之船将会搁浅，你将永远难以到达彼岸，你将在大风大浪的吹拂下随风飘荡，你将永远无法到达温馨的港湾。

第二十五章

坚持的奇迹

那些轻易放弃的人是永远难成大器的。只有凭借着对胜利无比的渴望，我们才能坚持到最后，做到原来以为不可能的事情。当天才无论做什么事情都失败了，才华之人会说绝不可能的时候，当自身的每个信念都在说要放弃，当圆滑消失了，当手腕消失了，当逻辑、争论、影响与帮助都已用尽了，并且都逐渐隐退的时候，不懈的坚持、坚韧的精神才会进来。

目标坚韧能创造伟大的奇迹。一个从不退缩、从不放弃的人，当别人都已逃逸，不见踪影的时候，他仍能在那里坚持着。即便当希望早已消散无踪的时候，仍能赢得生活的战役。

当别人停止努力之后，需要坚韧才能继续下去。当别人绝望地放弃之时，继续自己的努力，不失去自己良好的性情，不失去良好的常识以及良好的判断力，这将让你在别人获得微薄薪水的时候，得到丰厚的薪水；这会让你在自己所处的行业中获得领先的声誉，而别人只能安于平庸的局面。

正是那些从不放弃，无论那些顾客多么难缠、无礼甚至辱骂，他们都能一而再再而三地展现出自己的勇气与决心，去赢得顾客的赞美。正是因为他们的坚持与良好的举止，才获得了顾客的青睐。

正是那些永不放弃的商人，不直面地给予否定回答，而总能保持柔和与愉快的举止，这种礼貌让顾客不会感到自己被冒犯，不会让顾客掉头就走，最终赢得顾客的生意，获得订单，获得银行的贷款。

可见，有礼的坚持在很多成功的商人中扮演着重要的作用。

人们想要获得订单或任命一个人时，若发现对方是一个容易放弃之人，就会毫不犹豫地放弃他。那些拥有宽宏性情、愉悦、真诚与有趣个性，并且永不放弃的人是极为幸运的。因为，他们会赢得人们的喜爱与赞赏。

做一些自己愿意的事情，怀着热情坚持下去是很容易的。让我们去做自己不愿去做的事情却是极为困难的。所以，要克服内心的煎熬去做。

每天醒来，拥有坚强的心与轻盈的脚步，拥有勇气与热情，做我们并不适合或者不想做的事情，做与我们天性不符的东西，因为这是我们的责任所在。为此，我们必须继续坚持下去，年复一年。当然，能做到这样的人，他身上一定具备英雄般的素质。

正是那些能坚持做一些自己不喜欢的事情，并能充满力量与热情去做的人，才取得了应有的成功。当某人不想去做某件事，却能以巨大的力量去强迫自己做好工作，那他就是自己的主人。这样的人具有一个伟大的目标，并能坚持自己的目标，无论自己喜欢还是不喜欢。这样的人一定能取胜。

当你展现出散漫、沮丧，并且跟着别人的脚步前进时，人们就会认为，你这个人缺乏勇气，他们会踏在你的身上而过，并且将你挤到一边。

没有比让一个形成固定目标并且集中精力去实施的人，更值得人们称赞与尊敬了。当你展现了自身的活力，为人坚持与坚定，能够坚定不移并且能做到始终如一，这个世界将会为你让路。

任何伟大都离不开精力旺盛的坚持，并且无论遇到多大的困难，都能下定决心去做。一个软弱与摇摆之人，一个三心二意之人，难以激起别人的赞赏与热情。总之，没有人会相信他。

只有那些积极向上、充满活力与认真的人才能让人们对他产生信任。没有别人对自己的信任，成功是很难的。

每个人都要相信，那些坚持不懈之人，当别人早已放弃之时，坚韧的目标不断给予他们自信。若你能够做到荣辱不惊，无论时势如何变化，坚持自己的目标；若你拥有坚持的天才，你将拥有成为成功者的首要素质。

世界自然会为那些有决心之人让路的。

第二十六章

有所坚持

为什么尽管时代变迁，时间流逝，世界人民对林肯的敬仰仍如滔滔江水延绵不绝呢？这是因为，他的人生履历是清白的，从来没有让自己的能力被玷污，从不以自己的声誉去做赌注。

在历史上，有哪个有钱有势之人，能够像这个贫穷的砍柴男孩施展更为永久的影响力，对人类文明做出如此巨大的贡献呢？这个例子生动地证明，品格是这个世界上最伟大的推动力量。

年轻人刚迈入社会之时，就要下定决心，要让自己的品格作为自身的资本，并且让自己承担各种义务。即使无法获得声誉或幸运垂青，你也不会失败的。反之，任何在品格上失败的人，都是永远也难以有任何重大影响的。

品格作为一种资本却被许多年轻人所低估了。他们似乎更加重视聪明、精明、诡计、影响以及外界的帮助，而不是勤勤恳恳地诚实工作与正直的性格。

但是，为什么许多企业要为那些在半个世纪前就已经逝世之人的名字付出巨款呢？这是因为他们的名字具有影响力；因为名字中具有品格；因为这坚持着某种素质；因为这代表着可靠与公正交易。想想在商界还有什么要比坚硬的岩石更为坚固与更难以移动、且更具价值的呢？

可叹的是，那些了解这些事实的年轻人，他们不是去树立起自身的品格、可信与为人气概，而是想着通过诡计、手段来获得生意，这难道不让人感到奇怪吗？

许多人不择手段让自己的工作建立在一个不牢固与不安稳的基础上，而不是努力做到诚实交易、公平交易，做到可信，这难道不是让人觉得很奇怪吗？

许多碰壁的人都想去找到诚实之人。因为诚实的人值得去信赖，任何事物都无法取代诚实的劳动。我们的监狱里，很多人就都曾想用其他东西来取代诚实，而导致了这样的下场。

林肯以正确、公正、诚实与正直的品格去解决了成功问题，而那些偏离这个解决问题原则之人，无疑是难以取得成功的。

每个人心中都应有某些东西是任何贿赂所不能触动的，任何影响力都不能换来的，有些东西是不能去买卖的，有些东西是无论别人出多高价格，都不会出售的。比如，**一些他在必要时刻甚至为之付出生命的东西。**

　　一个敢于承担重要任务并且在世上有重要影响的人，就是在坚持着某些东西。他不能出卖自己的良心，他不会将自己为人处世的气概标上价格。无论多少金钱或多大的影响力与地位，他都不会将自己的声誉放在一个他不赞成的事物之上。

　　当别人要林肯为一宗错误的案件辩护时，林肯说："我不会这样做。当我再面对陪审团的时候，我总是在想：林肯，你在说谎，你在说谎。我相信自己应该原谅自己，并且大声地说出来。"

　　当某人处于一个错误的位置或戴上一个面具之时，当其内心时刻说着："你在弄虚作假，你只是在表面上冠冕堂皇而已。"此时，别人是难以相信你的，并且意识到你并非真心。当你没有成为别人想到的那样，就会让人对你失去信任，你将掩埋品格，摧毁自尊与自信。

　　不要待在一个有影响力的位置之上，无论有多大的诱惑。这种错误的想法会让你降落在岩石之上。若你追随的话，这是对心理功能的摧残，摧毁品格，让你昧着良心去做一些不愿意去做的事情。

　　告诉那些想让你去做可疑事情的雇主，你不能为他这样做，除非你能在你所做的每一件事情上彰显出自身的为人气概、自身的正直。告诉他，若自身最高级的东西无法带来成功，当然最低级的东西也无法做到这一点。

　　你不能出卖自身最美好的东西——你的自尊、你的为人气概——给一个不诚实与撒谎的机构。你应该将那些让你出卖自尊的建议视为一种对自己的侮辱。

　　当你无法成为自身想要成为的人，你是无法获得真正的回报的。下定决心吧！不要出租你的能力、你的教育、你的自尊来为那些让你说谎的人办事。无论是写作还是广告，出售商品还是任何工作之中。

无论你从事什么工作，你都要有原则。你不仅只是一个律师、医生、商人、职员、农民、议员或一个拥有许多财富的人，重要的是你首先是一个人，然后才能谈及其他。

无论怎样，请下定决心吧！

第二十七章

圆滑——奇迹制造者

谁能估量这个世界因为缺乏圆滑所带来的损失呢？那些冒失、鲁莽、失误、过错甚至是致命的错误，都是因为人们不知道该如何在正确的时间说出正确的话语。

我们通常可以看到，许多人的才华得不到充分的展现或浪费了。**因为，他们缺乏被我们称之为不那么正确与微妙的能力，这种能力就叫作圆滑。我们到处可以看到男女们不断地犯错，因为犯错，让他们失去友谊、顾客与金钱，他们从未展现圆滑这种能力。**

商人们失去了顾客，失去了有影响力的顾客，失去了律师；医生失去了病人的信赖；编辑则浪费着投稿者的心血；牧师失去了布道的能力与在公众中的地位；老师失去了位置；政治家失去了人们的支持。这些都是因为他们失去了圆滑。

你可能在接受了大学教育之后，让自己的特长没有接受特殊的培训；你可能在某些方面是一个天才，却无法得到世人的认可。但若你的圆滑与能力相结合的话，再加上坚持不懈，你将取得成功。

无论一个人有多大的能力，若他没有圆滑的能力在正确的时间说一些正确的话语，他就很难让自己变得高效起来。一个圆滑之人不仅能够将自身所了解的东西最大化，还能够做许多自己并不了解的事情，有意识地扬长避短。这样的他将比那些想要四处彰显自己博学的人更容易获得别人的信赖。

圆滑是商业上特别重要的资产，对于商人而言尤为如此。在大城市里，许多企业都想获得顾客的青睐，而圆滑则扮演着重要的角色。**一个著名商人将圆滑放在成功要素的第一位，而其他三样东西则是热情、专业知识与穿着。**

我认识一个人，他勤奋的工作因为缺乏圆滑而大打折扣，因为他与人难以相处。他似乎拥有所有让自己成为一个领袖所需要的所有素质，但令人遗憾的是，他的那种惹怒别人的习惯让他的人生趋于暗淡。他总是做一些错事或说一些错话，无意中伤害了别人的情感，让自己的工作效率降低了。这一切都是因为他根本不知道圆滑为何物。

一些人似乎无法去习得圆滑，因为他们无法准确地审时度势。他们通常是脸皮够厚之人，无法理解敏感之人的想法。

马克·吐温说："事实上，很多被我们珍贵的情感，我们都是小心对待的。那些伤人心的事实，留着不说更为妙。"

圆滑之人之所以能够快速获得别人的信任，是因为他们有办法吸引别人，并且让别人将最好的一面展现出来。

当懂得圆滑的人刚开始遇到我们时，他们总是想找到我们的兴趣点，并且谈论那一部分。他们并不谈论自己或他们想要做什么。**因为他们知道没有比谈论对方的事情更让你感兴趣的了**。反之，没有圆滑的能力之人总是谈论自己，总是觉得自己所喜欢的事情是最为重要的。这样的人通常让陌生人或朋友感到厌烦。

有很多人对那些自己不感兴趣的人不加理会，这充分显示了他们是多么缺乏圆滑的能力啊！若某人拥有一些自己所不喜欢的特点，就不想去与他交往，并且即时表达出自身的不满，若硬是让他们参加一些其没有兴趣的聚会，**他们不是以冷漠的方式让他人冻结，就是以某种方式让他人感到不舒适**。

世上没有比强迫自己与那些并不感兴趣的人进行交谈更需要自律性的了。我们也会惊讶地看到，那些一开始对我们抗拒之人都会对我们感兴趣。这对一般人来讲可能会有一些难度，但对一个有能力与修养的人而言，从别人身上找到让人真正感兴趣的事情并不难。

一个作家曾满怀激情地描写圆滑是由什么组成的。相关内容如下：

"一种对人性怜悯的认知，对其恐惧、软弱、期望与倾向有所了解。"

"让自己处于别人思考的位置上，犹如自己将要被别人所面对。"

"大度地不去表达自己的思想，就不会不经意间冒犯别人。"

"迅速觉察那些即将到来的事情的能力，并愿意做出必要的退让。"

"要认识到世上不同人有不同的看法，自己的观点只不过是芸芸众生中的一个而已。"

　　"一种极为友善的精神，会化干戈为玉帛，让自己多一个朋友。"

　　"认识环境的现实，并且友善地接受这个形势，让自己友善、乐观与真诚起来。"

第二十八章

如何吸引别人

这世上，不知有多少人怀着孤单与沮丧的心灵。他们总是无法挖掘自身的潜能，总是因为自身的性格或缺乏魅力而畏缩不前，失去了人生的许多简单的乐趣。他们在今天要释放出自己的声音。于是，他们这样说：

"噢，我多么希望吸引别人啊！我是多么希望自己能够受人欢迎，并且让自己充满魅力呀！"多少人曾这样热切地期盼着。可是他们不知道，满足自身的愿望是极为简单的。其实，只要通过自身的努力就可以实现，而无须别人的帮助。

无论你的道路如何充满障碍，或你的能力显得多么软弱。你的身体可能残缺，你也有可能拥有大度的性格——爱、甜蜜、欢笑，这些都会在不经意间降临到你的身上。正所谓"一切皆有可能"。

那些具有魅力性格的男女，无论到哪里都是极受欢迎的。他们在每个行业或工作中，即便没有资本，也更容易取得成功。**总之，这要比那些有资本但却缺乏魅力的人更容易取得成功。**

你可以让自己像一块磁铁一样，将有趣的人与事情都吸引到自己身旁，在日常生活中展现出爱与善良，向每个人都展现出一种有趣的精神。记住：**每个人都讨厌那些时刻想着自己的人。**

若你能够赢得朋友，你必须要为人慷慨。世人喜欢那些大度、开放的人，宽宏大量的人总是受人欢迎的。

学会对别人说些有趣的事情，看到别人美好的一面，永远不要看到阴暗的一面。

远离那些总是鄙视别人的人，总是从别人的性情中找缺点的人，或总是不敢尝试自己应该成为的样子的人。这种人是危险的，不应被相信。

一个沮丧的人无疑是局限的、生锈与不健康的。这让人既看不到也无法了解别人身上的优点。**若这种心态无法否认自以为的那种美好的存在，他们就会通过一些恶毒的假设来限制自己，或尝试从某些方面来对那些被表扬之人提出一些疑问。**

一个健康、宽容与正常心态的人能看到别人身上好的一面，而不是坏的一面。因为，那些不可爱或粗糙之处将会被忽略。一个狭隘、渺小的人只会看到错误的存在。

吸引别人最好的方式，就是让他们感觉到你对他们感兴趣。不过，你一定不能哗众取宠，你必须真正对别人感兴趣。因为，他们总是惯于自闭，专注于自己的事情之上；他们在自我空间中生活得太久了；他们失去了与外界世界的联系与同情感。

我认识一个人，如许多人一样，不理解为什么别人总是躲着他。若他出现在社交场合，每个人似乎都在房间的角落里躲避着他。当别人玩得高兴和大声交谈之时，他只能独自一人躲在角落里。

若是偶然的机会，他成为大家的焦点，他却有一种反抗这种称为焦点的能力。这种"能力"让他瞬间又回到了原先寂寞的角落里。当他出现于一个社交场合——他无法让人感到温暖，也没有半点魅力。所以，别人很少会邀请他到什么地方。

不仅如此，对自己为什么不受欢迎，他自己也是不甚明了。他拥有很强的能力，是一个努力勤奋的人。当他完成了一天的工作，他喜欢休息并想与同事们一起去休息。但他却难以从想要的活动中获得任何乐趣。**他忧郁地发现，自己总是为其他人所排斥，而那些能力比他低的人，无论到哪里都是受人欢迎的。**

他总是时刻想着自己，他完全没有意识到自私是阻碍他受人欢迎的主要障碍。他无法让自己摆脱工作的限制，去对别人的事情发生兴趣。**无论你如何与他交谈，他总是会把这个话题转移到自己身上与自己的工作之中。**

当一个人依然保持着冷漠、自我中心或自我鄙视的时刻，他对别人是没有任何魅力可言的。这正是他没有魅力的原因之一。没人会自愿地找寻他们，他就这样被别人排斥与不喜欢。他吸引别人的程度与他对别人展现的兴趣的浓度成正比。前提是，当他对别人展示尊重与兴趣的时候，他就会拥有某种魅力了。然后，之前那些排斥他的人也会开始受他的吸引了。只要他让自己处于别人的位置之上，对自己有真正的兴趣，不要刻意地将话题转移到自己身上与自己的工作之中。

生活中最伟大的事情并不是赚钱，而是将自身提升到最高层次，将本性中潜藏的美好释放出来。因此，我们让自身变得更具吸引力与有所帮助，而非受人排斥与对人没有怜悯心。

要想吸引别人，我们必须有许多可人的素质。自私、不满、狭隘之人，那些妒忌、卑鄙之人，他们不能容忍听到别人受赞扬，这些人是永远也不会受人欢迎的，甚至一只狗也不愿与这样的人交朋友。总之，这些让人讨厌的性格会让他们处处被人排斥。

贫穷的男孩、女孩，在初涉社会之时，通常羡慕那些富有的少年，羡慕他们不需要为生计而奋斗。但是，这些富有的少年中，有很多人都没有自己的个性，没有超越金钱的能力。

要想成为受人欢迎的人，最好就是要让自己拥有高尚的品格。因为，没有比展现最好的自己更让你显得可爱与充满自尊了。

第二十九章

当一切都出差错的时候

"当人生像歌曲一样甜美地流淌，快乐是很容易的。当一切事情都事与愿违的时候，真正的人脸上仍会挂着一丝笑容。"

当事情都出差错的时候，那些仍能保持微笑的人，比起那些面对困难时勇气就迅速消失的人拥有巨大的优势。当事不顺心之时仍能保持微笑的人，表明他具有取胜的素质，而一般人是难以做到这点的。

许多有能力的人却仍然无法取得成功，他们是自身情绪的受害者。他们被别人所排斥，自己的事业受挫。

在人类漫长的文明史中，并没有那些阴郁与沮丧之人的一席之地。没有人愿意与他们居住在一起。他无论出现在哪儿，只会让人感到沮丧与悲伤，并且不断地努力挣脱他们。

我们会躲避那些阴郁与沉闷之人，正如我们躲避一张让我们产生不愉快之情的图画。我们会本能地转向那些美丽与和谐的阳光心灵。

人们喜欢并相信我们，这与我们自身的随和态度与效率成正比。一颗阴郁的心灵通常意味着扭曲的判断力。

人活于世，本意并非要成为自身冲动的奴隶，成为情绪的受害者。他应该咨询一下自身的情感，履行作为一个人或是执行人生目标的责任。总之，一个人活在世上就该统治自己，去控制自己的情绪，成为自己的主人，成为环境的控制者。

无论你周围的环境看起来多么让人沮丧，当你学会了掌握周围的环境，从其中沮丧的影响中超越出来，远离阴暗的一面，直面阳光，影子自然就会离你远去。

许多人都是自身最大的敌人，他们总是通过一些恶意或不良的想法与不幸的思想将自身人生的游戏撕毁。所有事情都取决于我们的勇气，我们对自身的信念，在于我们是否能够保持一种充满希望、乐观的形象。

无论任何事情不顺心，不论我们感到多么沮丧和悲观，或是遭遇到不幸，我们都应该远离这种撕毁人心的思想，并将诸如怀疑、恐惧、沮丧的情绪赶走。因为，这些不良的情绪就像闯入了瓷器店的公牛，凭着一时的冲动，打碎甚至毁灭了也许是数年来辛辛苦苦的工作成果，让我们必须从头再来。

有许多人就像井底之蛙一样工作着，他们向上爬，只是不断地下滑，失去他们所获得的东西。让自己获得一个有趣、希望的美德吧！若你没有的话，你将很快就有自己的美德。

　　艺术中的艺术，就是学会清除掉心灵中的敌人。比如，我们自身的安逸、幸福与成功的敌人，将心灵集中于美丽而不是丑陋，集中于真实而非错误，集中于和谐而非纷争，集中于生命而非死亡、健康而非疾病。要做到这一点其实并不容易，但却是可以做到的。这只需要我们做一点思想上的训练，形成正确的思考习惯就能达到。

　　若你断然拒绝让那些邪恶的思想得逞，不让它们掠夺你的幸福；若你不让那些思想进入，紧紧关闭心灵的大门。当你真实地看到这些思想所带来的影响时，这些邪恶的思想就不会再纠缠着你了。

　　一个神经外科医生声称自己已经找到了医治忧郁的新药方。为此，他建议所有的病人，无论在任何情绪下都要保持微笑，无论自己是否愿意，都要笑一下。他说："笑一下，保持微笑，不要停止微笑。试着让嘴角的弧度扬起来，无论自己的情绪怎样。试试这样做，自己心中的感觉。"

　　让一个饱经训练的心灵在几分钟之内将忧郁的心绪赶掉，这是完全可能的。但许多人所面对的问题是，他们不是打开心灵的误区，让乐观、希望与乐观涌进来。因此，最好的办法是，**我们应该以坚定的力量将黑暗驱赶**。当心灵的一些阳光闪烁，在黑暗中将忧郁消散时，你便一改之前的你。因为，忧郁与邪恶在黑暗中会不断成长，而乐观的心态则让你充满自信与希望。

　　当你感觉沮丧或忧郁之时，请尽可能改变当前所处的环境吧！无论你做什么，不要为自己的烦恼而忧虑，或沉湎于让你烦恼的事情之中不能自拔。

　　想想那些最让人愉悦与快乐的事情，对别人抱着慈善、友善的思想，说一些最为有趣与愉悦的事情。努力让自己散发出愉悦与欢乐，你很快就会感觉到一种神奇的提升。**于是，你蒙尘的心灵的阴影可以很快地逃避，阳光的欢乐会照耀到你的全身。**

不要让自己的思想或勾起不快的东西或痛苦的回忆占据自己的心灵。因为，这只会对我们造成不良的影响。尽量让自己处于有趣的社交环境中，找寻一些让自己大笑或让自己开心无邪的欢乐。

不同的人选择放松的方式不一样。比如，有些人发现自己回到家中之后，与天真无邪的孩子们在一起能感受到一种精神的焕发；而有些人则待在戏院，在高兴的谈话中或让自己沉浸于有趣与励志的书籍；而另一些人则是睡一个长觉，放松自己。

此外，乡村也是一个医治我们自身悲伤心灵的好地方。比如，在乡间小道上漫步一小时，面对着无垠的天空，这样的景色将完全改变你的心态。

找寻最适应自身的心理态度，据此来进行调整，你将惊讶地发现，疲惫的精神所带来的毒害完全消散了。笼罩你身上的沮丧气氛都一下子改变了，你就会感到全新的自我。

第三十章

沮丧之时，绝不要做重要决定

当你处于心灵的压抑之时，绝不要做出人生中一些重要的决定，或做出认真的决定。因为，你的情绪会扭曲你的判断力。

当一个人的心理处于严重压抑或沮丧之时，他总是会做一些给自己带来短暂安慰的决定，而不论这是否对最终的目标更为有益。

当女人对自己独立生存的能力有所怀疑的时候，在失望之时，就会做出嫁给自己不喜欢之人的错误决定。

男人有时会为了得到短暂的缓解，而让自己处于破产的边缘。不过，只要他们继续努力的话，就可以取得成功。

人有时会处于特别的悲痛之中，当他们知道自己只能获得暂时的缓解，甚至会以自杀这种极端的方式来获得缓解。**一个人在忍受煎熬**

的时候，不可能看到事物正确的一面，也无法看到事物之间正确的联系。因为，处在这样的情绪中时，是无法运用自身良好的常识或是更好的判断力的。当人们深受身体与心理的苦楚之时，是难以做到这一点的。

当希望从我们的视线中消失，当所有的事情都看似黑暗或让人沮丧之时，成为一个乐观者或做出一个正确的决定是很困难的。但正是在这样的环境下，我们才会显示出自身的能力。

对一个人能力最好的测试，在于当所有的事情都出错的时候，在于当朋友们都劝说他要尽早放弃，告诉他抵抗命运是一个多么愚蠢的决定之时，他仍能继续自己的道路，永不放弃。

不知有多少年轻的作家与艺术家，或学习贸易方面知识的年轻人，在沮丧之时放弃了自己真心喜欢的工作，而去选择与天性不符的工作，而日后也没什么改变。**他们害怕被别人耻笑或不敢向世界展示自己的真正实力。他们没有足够的自信去坚持，也不敢放弃。**

若说在什么时候，一个人需要勇气、毅力和精力的话，就是当他将要后退，当懦夫的声音在他的心中说：你没有看到继续前进是多么愚蠢的吗？你没有能力，也没有力量去这样做，放弃多年舒适与家庭的欢乐，而只是去做一些自己喜欢的事情，这是多么大的牺牲啊！最好还是放弃吧。特别是在这个时候，更要认清楚自己的错误，不要继续犯错了。

许多年轻人从城市中退回来了，因为思乡或沮丧的原因。若他们能继续坚持的话，事情就会出现转机，人生的整个事业就会改变。

那些从未离家的学生们，上大学的时候，在思乡的强烈情感下，决定放弃一切，回到家乡。他们日后常常会因为自己的懦弱与软弱而感到羞辱。**我认识一些有才华的年轻男女，他们到国外学习音乐与艺术，他们却因沮丧与思乡回到了老家，日后却悔恨终身。**

我看到许多医学专业的学生，充满了激情，但却因无法忍受解剖学与化学试剂的单调与沮丧，他们无法忍受一些解剖时的画面。于是，他们怀着反感的心情离开了学校，回到家乡。日后却因为自己没有勇气继续去发现自己是否真的不适合医生这个职业而感到遗憾。

年轻人进入法学院，通常怀着成为一个伟大律师的志向，但在试图超越布拉斯通与肯特的时候，他们被挫折所击倒了，放弃了学习，觉得自己并不是成为律师的料。

那些发明者、探索者，甚至几乎在每个领域有所成就的人，都将成功归功于在别人放弃之时继续坚持。在别人后退之时继续前进；当前路昏暗一片、看不到希望时仍旧继续前进。

许多人活在悔恨的悲惨生活之中，失落的理想时常折磨着他们的心灵，只是因为他在软弱与沮丧之时放弃了。我经常听到一些进入了不惑之年的人这样说："要是我在一开始的时候就能继续坚持的话，要是我能坚持我的理想，在别人沮丧之时仍能不离不弃的话，我现在可能就会有所成就了，也要比现在更加快乐了。"

亲爱的朋友，无论前路多么暗淡，或心灵多么沉重，无论你做什么，无论你肩上的负担多重，都不要在这个时刻放弃。而且还要记住：直到所有的忧郁的压抑或沮丧的折磨过去之后，你才能做出重要的决定。

一个重要的决定需要最好的判断力、最充分与明细的想法、最好的常识。否则，你无法在人生中找到转折点。

当世界看起来黑暗，所有的事情都在你面前显得扭曲之时，事业的转折点、重要的决定应在你身心都处于最佳状态时做出。

沮丧让我们的判断力蒙尘。我认识一些人，他们将自己的房子卖了，做一些最愚蠢与荒诞的事情，只是为了筹钱。**因为他们害怕若不这样做的话，事业就会陷入停顿。而事实上，他们根本就没有忧虑的理由。**

当你心智疲乏不知道自己该何去何从之时，你就处于最危险的境地。因为，你所处的状态，无法让你去做一些最好的事情。此时，你应当让自己处于镇静与冷静状态，只有这样才能做出最好的计划。

良好的判断力源于一个完全运转正常的大脑，远离受损与烦恼，永远都不要在自己处于忧虑之时去做别人建议的事情。

当你心灵感到恐惧、疑惑或沮丧之时，你无法做出正确的判断，无法运用正确的常识。当你的大脑处于清醒、精神焕发之时，实施自己的计划，做好人生的规划。当你感到沮丧，心智四处分散之时，我们难以保持精力集中。唯有沉静、镇静、保持心理的平衡，才能让你的能力发挥到极致。因为，这些都是有效思考的重要砝码。

第三十一章

谎言岂能招摇过市

不久前，一家大型干货商店的主管说，他之前都忙于切割一些衣服的碎料。他说，人们愿意为这些剪除碎料的工作而付出价钱。因为，在打出广告的时候，虚假的信息会让人觉得更加便宜，觉得自己是得了实惠。现在，要是人们发现了这种诡计，他们还会继续光顾这间商店吗？

许多人以为，有时候谎言可以作为权宜之计来使用。他们认为说谎的获利要比付出的代价更为优厚。许多被顾客原先认为是诚实的商店，在包装上掩盖着缺点，写一些模棱两可的误导广告。

有很多人认为，商业上弄虚作假与金钱资本是一样必需的。他们认为，任何人要想获得大的成功都是很难全部说真话的，甚至觉得将真相公之于众是不明智的。

现代报业的一个不幸的阶段，就是掩盖真相，不断地演练、扭曲、甚至是误导顾客。报纸总是有意识地像一个老谋深算的说谎者一样去渲染事实、歪曲事实。报纸的名声就如个人，只为博取读者眼球的报纸，绝不是报业的中流砥柱。相比之下，扎根于自身所属的社区里的报纸要比许多跟风的报纸强上百倍。

拥有比金钱更好的价值，无法以自私的动机去动摇。无论在任何情形下，说真话的名誉要比暂时从假话欺骗中获利强上百倍。

不知多少老谋深算与说谎之人会发现，这种说谎的伎俩是得不偿失的。而最好的方式还是诚实至上。

商业世界中最危险的性情就是一个人没有正直感，对诚实漠不关心。他们想站在正确的一面，但却会时常动摇，对事实会有所扭曲。尤其是对自身的利益遭到损害时，他们更不会说出真相。换句话说，他们也许不会赤裸裸地说谎，但可能没有说出应该说出的话来。最终，这种人所得到的，要比自身的损失少得多。当然，他可能会赚到一些钱，但他无法认识到，每次当他掩盖真相的时候，他都让自己的形象矮小起来。当他口袋逐渐鼓起来的时候，为人气概却缺少了几分。

看看这个国家大企业家成功的历史吧！看看50年前的企业，至今还有多少仍继续存在着。许多企业当年都像雨后春笋一样冒出来，引得商界竞折腰。然而，他们不断弄虚作假，运用一些华而不实的广告，可能在一段时间内旺盛了，吸引了很多目光，但它们并没有长久。因为，这些谎言中根本没有任何品格可言，并没有任何可信度。

而在一时欺骗了顾客之后，他们欺骗的行为就会被发现。接着，他们就开始一泄千里，最终被历史的洪流所淹没。

世上没有比无论在何时何地总是诚实面对顾客更能永葆其活力与生命力，让人觉得极为可靠了。这种声誉本身让一些企业的名字价值好几百万美元呢！

一个总是讲真话的人，意识到自身被正义与公正的原则所支持着，这就是与那些说谎者的巨大差别之处。

当某人觉得自己身后有某种永恒的力量在支撑着自己，他们就能不惧这个世界的挑战，他们的眼神中透露出胜利感，给人沉稳的风度。而说谎者的心中则会说："我在说谎，我不是一个真正的人。我知道自己不是一个真正的人，而是一个鬼鬼祟祟的人，欺骗着别人。"

说谎者只是一个内心扭曲之人的自然呈现而已。当一个人远离真相的时候，他就越接近野蛮了，并且被真正的人所排斥。

最让人感到可悲的是，许多人仍旧以自己的声誉在做赌注，用自身良好的名声去做砝码，只是为了几个钱或有些名气，而去参与赛马竞猜。以这样的手段来获得金钱，无论走到哪里，他都是在出卖自己，出卖自己的荣誉，出卖良好的声誉与朋友，出卖任何一个正直之人所珍视的东西。

让自己的名誉去冒这么大的风险值得吗？任何东西都无法弥补说谎者的罪过，任何东西都无法弥补玫瑰失去芳香与美丽的损失。

当一个人最美好的一部分开始逐渐腐烂，当成为一个人所具备的东西、让他远离野蛮的因子在不断消失的时候，你说，这样的人活着还有什么意思呢？徒增笑耳！

当一个人背叛了自己的良心，多少财富和名声，都无法让内心不断指责自己失误的谴责消停片刻。因为他欺骗了自己。

第三十二章

永葆心智的焕发

　　健康是人生的支柱，若是没有了健康，性情就会遭受毁灭，生活会趋于黑暗，变得支离破碎，工作效率不自觉地降低。不仅如此，热情与狂热的心绪，这些源于正常人生的东西都会消失。若是能感受到心智的平衡与身体健康，这该是一种多大的庇佑啊！

　　我们到处可以见到聪明、饱受教育的年轻男女，他们天赋聪颖，却因为身体的原因被击倒，因伟大的理想无从实现而郁郁寡欢。

　　难以计数的人过着不顺心的生活，因为他们意识到自己只能发挥出一部分的潜能，大部分的潜能都消失了；他们因为身体的毛病而受到限制，这样一来，于己于世界都是毫无帮助的。

　　生活中也许没有比意识到自己有巨大的心理能力却未能实现自身

理想更让人沮丧的了。当自身意识到被一些理想的火光所困扰，当这些困扰没有从我们心中消失，这无疑是人生中最让人悲伤的。因为，你没有足够的能力去实现。

许多人成为自己的奴隶，忍受着失望与理想消逝所带来的痛苦，只是因为他们从未意识到始终要保持一种高标准的身心状态，没有认识到这样做的极端重要性与迫切性。唯有让自己处于心智焕发的状态，才能在工作中达到最大的效率。毕竟，艺术的精华在于自我更新与自我提升。

一个人的能力在工作或职业中始终单调地运用，而有多少的改变，这是很难让大脑充满精力，去自发地行动的，也无法时常从娱乐中获得休闲。

一个始终做着一件事的人，由于人生中没有一丝乐趣与玩耍，他们通常在人生的早年中就陷入了老态，让才气逐渐干枯。因为，心智缺乏变化，没有了心灵的食物与刺激而逐渐失去活力。比如，我们到处可以见到，一些人过早地操劳，最后反而变得老迈与无趣起来。因为，他们工作太多，娱乐太少。一句话，单调是能力不断缩水的重要原因。

最伟大的成就者并非那些总是忙于工作的人，无论你在什么时候遇到他们，总是能感觉到他们的时间是极为宝贵的——他们必须不时地移动，不断地转换来消遣。我认识一个商人，他是一家大企业的老板。他日常待在办公室里的时间很少超过两三个小时，他有时甚至会花费一个月的时间去娱乐、旅行，不断充实心灵，此人深知玩耍的乐趣。他在早年就下定决心，要让自己始终保持精力旺盛，以最大的效率去迎接对工作的挑战。他很清楚，疲惫会让自己整个身心系统都遭到破坏。如果不加以改变，就会像许多人那样，总是在不断的劳作中让自己感到疲倦。

这个商人通过劳逸结合，让他的人生充满了成功。他之所以能力挽狂澜，并能大刀阔斧，这与他充足的精力是分不开的。他的工作系统像数学般精确。他在几个小时内所做的工作，要比许多待在办公室里静坐数个小时的员工的效率更高。他不像那些还在晚上将工作带回家里的人弄得自己筋疲力尽。

那些过着完全正常生活的人，拥有充足的身体能量，这让他们安全地度过了许多疾病侵袭，让他们度过了一些普遍的事故或手术。若是一个身体耗尽之人、一个缺乏活力之人，在人生的道路上遇到一些重大的意外，或需要很多身体精力支撑的紧急情况下，此时的他就很难支撑下去了。原因很简单，他有心无力。

这句话的真实性是毋庸置疑的：只工作，不玩，让杰克成傻帽儿。事实上，我们都有玩耍的强烈本能。因为，这意味着娱乐在我们的生活中占据着重要的位置。但许多人每天都不得不工作很长时间，这主要源于他们的雇主没有认识到，精力充沛的大脑与体力恢复的身体所具备的巨大能量。

蒙混过关是一件相对容易的事情。有这样想法的人会认为自己可以违反所有健康的法则，一下子去做两三天的工作量，在一餐之内吃了原本两三天才吃的食物。他们以各种方法滥用着我们的身体，并且通过滥用药物或到各种温泉、健康会所那里，以求获得休养。

我们中许多人的生活都是游走在两个极端之中，毁坏自己的健

康。然后又不断地去就医，以为这就是最好的结果。其实，这样的结果就是造成消化不良，让我们耗尽身体的精力，造成各种神经性的疾病。如失眠、心理压抑等疾病。

大脑的能量在很大程度上源于我们的肠胃所消化的食物、肌肉以及心肺的功能。一个身强体壮的天才拥有着一颗善良的心。

我们所需要的是一种强壮与充满活力的精力，这会让我们能够承受很大的压力，而这只有通过正常、理智的生活方可获得。

第三十三章

让生活充满美

若在早年，我们能够养成良好的修养，去培养更高级的享受，更为纯粹的品位，更加精妙的情感，以及各种各样对美之爱的表达，那该多好啊！

没有比培养对美感的审视更增值的投资了。这会带给我们七彩虹般的色泽，让欢乐充溢着整个人生；这会增强我们享受幸福的能力；这会增加我们的工作效率。

品格在很大程度上是通过眼睛与耳朵来培养的。像大自然的鸟声、昆虫声、小溪、流动声、穿过树林沙沙的风声，还有世间数以千计的声音，花朵与草地的景色，地球上无边无际的美丽，在海洋与森林、高山与小丘之间延伸。通过大自然这些"妙不可言的东西"，能让你的身体、性情、自身素养等方面得到很好的提升。

一个人若有美的爱好，这将对品格有纯化、柔化以及丰富的影响。这是其他东西所不能提供的。若是一个小孩在一种毫无美感的氛围之下成长，在只有展现出对金钱热爱的环境下生活，这是最可悲的。**因为，这会使他从小就知道人生最重要的东西就是赚更多的钱、买更多的房子与土地，而不是升华自身的品格，让自己高尚起来，更加甜美与仁慈起来。**

完整的人生以及充满甜蜜与理性的人生，必须有对美感热爱的点缀才能更为美丽与丰富。一个对美感缺乏感知的人，一个在看到一幅壮丽图画或迷离的日落，或看到自然美感时无动于衷的人，他们的人生都是不完整的。

对美的爱会在一种安静与有序的人生中扮演着极为重要的作用。然而我们却很少意识到自身被周围的人与事所影响的程度。因为我们觉得这些都是极为普通的。比如，我们从没有意识到每一张美丽的图片，每次落日与山河的壮美，每张美丽的脸孔，形态与鲜花，以及任何形式的美感。但是，只要我们能从中发现美感，并懂得欣赏它、吸纳它，这样的话，无论走到哪里，都能让品格高尚与升华起来。总之，**让灵魂与心智能够感受美感，这是极为重要的。这是人生的巨大提升，这是赋予人生新的意义，这会让我们更为健康。**

无论从事何种职业，我们都应下定决心，绝不能因为金钱而扼杀自身所具有的最高尚的品质，要抓紧每个机会将美感灌输到人生之中。

你对美感的爱意程度将让你获得更多魅力，让你变得更有气质，让你拥有美好的心灵及理想。所有这些魅力将在你的脸庞上与举止中得到显现。

若你爱上美感，可能就是某种意义上的艺术家。于是，我们在这样美感下的工作将让家变得更加美好与甜美。总之，无论做什么，若你热爱美感就会纯化你的品位、升华你的生活，让你成为艺术家而非为了活口的工匠。

许多父母没有花什么工夫去培养孩子对美感的热爱与欣赏。他们没有意识到在心灵塑造阶段，关于家的一切，甚至是图片与墙上的图画都会影响到成长的心灵。做父母的不应该失去这个机会，应该让孩子们去看看美好的艺术、听听悦耳的音乐，应向孩子们阅读，并经常朗读一些高尚的诗歌或某个作家的励志章节。这会让孩子们的心灵中填充美好的思想。

最高层次的美感就是要超越于特性与形式的美感。即使是一个相貌最平常的人，只要养成了向善的心态，不只是专注于表面的美丽就能让心灵美好起来，让灵魂高尚起来。别以为这很难，培养善良、精神、希望与无私等，这是完全可以做到的。

培养审美观念与心灵的品格与培养智趣一样是极其重要的。我们的孩子，无论在家里或在学校，都要将美感视为最珍贵的礼物，并且要以纯真、甜美与整洁来保存。作为家长或老师应该认同这是一种极为重要的教育手段。

没有比培养更好的自我、培养对美的宏大与真实的感觉更为重要的了。因为，这些品质的锻炼能够破坏和消除那些单纯追逐金钱的人格。

　　那些接受了认知美感教育的人是极为幸运的。因为他们拥有一种财产——任何东西都无法掠夺。只是这种宝藏需要在早年就得到锻炼，否则，以后想要彻底改变将变得很难。

第三十四章

过于节俭代价大

约瑟·比灵斯说："世上有一些节俭是害人的，其中一种就是锱铢必较，这会让人们的生活过得毫无意思。"

我认识一个有钱人，他成为了吝啬习惯的奴隶。这一习惯是在他刚开始进入社会之时形成的。自那之后，他就难以改变了。他总是为了一分钱的东西，而浪费一元钱的宝贵时间。

此人总是撕碎没用的半张信纸，将信封背面剪下来，作为记录的纸面。他总是不断地将宝贵的时间用于一些根本毫无所用的事情之上。他在工作上也是带上这种极为抠门儿的做法。比如，他让员工们从捆绑货物的绳索中节省线料。作为一种他认为比较好的工作方式，尽管这其中所需的时间要比这些线本身更加耗时，可最终看来，他只是让员工做了一些极为愚蠢的"节俭"工作。

很少人对何为真正的节俭或卑劣有正确的看法。真正的节约并非吝啬与抠门儿的同义词，而是意味着更大的视野、更大的打算。换句话说，在真正懂得节约之人的眼中看到的是更为宽广的东西。适宜的节俭与吝啬般的节俭，比如只是为了节省几分钱或时间，这两者之间有着巨大的差异。

所有的事情都是以宽广的方式去完成的。我从未见过一个过分注重节约小钱的人能够做真正的大事。过分节约就像剥下干酪皮的做法，这业已成为一种历史。过分的抠门儿与吝啬并不能让人得到回报。许多重要的事情都是以宏大的方法去做的，正是那些拥有冷静头脑与良好判断力的全面训练之人，他们能看到事物间更为深刻的联系——这样方能取得成功。

节俭，就其最宽广的意义而言，联系到最高层次的判断与视野的宽阔。而最明智的节俭，通常都需要很大的花销。因为，日后所赚的数千美元都取决于当下花销的数百美元。当然，这通常在更为宏观的管理之中。

慷慨的花销让我们实现自身的理想，给别人留下深刻的印象，可以很快地获得别人的认同，帮助我们擢升。这通常要比将钱放在保值银行中更为有用。

那些想在人生中有所作为的人，必须要强调做正确的事情，让自己保持更宽广的视野，而不是缺乏视野。如果只是将双眼固定于节约，注定只能扼杀了自己成长的机会。

绝不能让养成节省的习惯变成一种负担，否则只会成为前进的绊脚石。对商人而言，吝啬就如农夫对待播下的种子一样，"他播种多少，就收获多少。"我认识一个年轻人，他失去了很多前进的机会。比如，他总是在衣着上，一些小事上节俭。于是，他就这样让自己失去了很多商业上的机会。他总认为，一套适合自己身上的衣服与领带要一直穿到陈旧为止。他从没有想过邀请一个潜在的顾客去吃午饭，或是为他提供车费（若他俩恰好相遇）。他吝啬的声名在传播，人们对他敬而远之，人们都不愿与他做生意。一句话，错误的节俭让此人蒙受巨大损失。

许多人只是因为试着去节省几个钱，而严重伤害了自身的健康。若你想要做到最好的自己，要注意到不要让这种"节约"让你受伤。任何有理想之人都不想以劣质的"燃料"来供应自身的大脑，这样做是极为愚蠢的。这好比让一间好的工厂去烧劣质的煤炭，只是因为优质的煤炭的价格很高，你不愿出这个价格。想想，这样的工厂能生产出什么好东西来呢？

身体是你成功的基础与秘密，所以，无论你做什么，无论你多么没钱，都不要让自己吃劣质食物。你可以在其他事情上节约，但绝不能让自己的身体或是大脑受损。

人们没有处于最佳状态时，是很难去做重要的事情的。因为，这需要我们身体处于健康与舒适状态；因为健康与清醒的大脑是我们最好的资本。那么，何不对自己好一点呢？不过，这也需要金钱上的支持。

我们很少意识到，多数人在错误的节俭观念上所丧失的能量与宝贵的活力所带来的可怕之处。比如，很多人因为一时的迟疑，原因是他们害怕病痛与医药费。可是，在之后几个月或几年后的牙科手术中却损失惨重。首先，他们要忍受很多毫无必要的痛苦。其次，他们无法在工作中拿出最佳的状态。

现在，重要的事情就是在生活中立下一个原则：永远不要延迟任何可能阻挡我们进步的脚步。

能量应成为一个有价值的目标的动力。换句话说，任何有助于增强个人力量的事情，以及任何能增强我们大脑的能量，这都是值得去做的。

在任何有助于取得成功的质量的事情上，无论要花费多少都要慷慨大方。记住：这会让你成为一个更有风度的善男信女。

第三十五章

切莫养成忧虑的习惯

人在忧虑之时，有什么事情不会去做呢？他们会陷入到形形色色的邪恶之中，成为酗酒者、药物成瘾者。在未摆脱这个恶魔之前，他们会不惜出卖自己的灵魂。

在人类历史的演进过程中，忧虑所带来的灾难是罄竹难书的。任何人都无法估量忧虑所造成的难以言说的灾难。这会让天才去做一些平庸的工作，会造成更多的失败者更多破碎的心、更多破碎的希望。

工作不会累死人，但忧虑却会杀死许许多多的人。其实，真正伤害我们的并非事情本身，而是害怕去做事情之时所怀抱的心理状态。这源于心理上的一再压抑，源于害怕自己在工作中会做得不好。

任何将大脑能量用于无益之中都无法使一个人正常地运用大脑的

能量，这会榨干一个人的活力，摧毁人的理想，让人无法真正运用自身的能力。总之，这都归结于养成的忧虑的习惯。

你是否听过人类从忧虑之中获得任何好处的故事呢？忧虑是否有助于我们改善自身环境呢？难道它不是到处在损害着我们的健康、损耗我们的精力，让我们的效率降低，让我们的事业迅速处于低谷吗？

有一个员工数年来一直坚持每天顺手牵羊地拿走一些东西。这样的小偷要比那些窃取金钱或物质上东西的人更加可怕。**更为糟糕的是，这种类型的小偷可能让自己失去能量，丧失活力，让他们远离所有原本让人生丰富起来与具有价值的东西。**

我们会怜悯那些以崇拜之名而用残忍手段伤害自己的行为吗？但许多人却仍时常在心灵上自我折磨着。他们自寻烦恼，忍受着人生的各种厄运。比如，他们在灾难还远未来临之前，却早已经在心灵中无数次地对此思量了。**又或者，他们在做事情之前，却在心中已让自己做了很多让人不快的事情了。简言之，人们过早地预测烦恼，总是因一些永远也不会发生的事情而苦恼。**

忧虑不仅榨干我们的活力，也消耗我们的精力，更为严重的是损害我们的工作质量，让我们的能力减弱。当一个人心智混乱之时，他是无法以最高的效率投入到工作之中的。一个人的心灵机能必须在获得完全的自由之时，才能发挥最佳的能效。一个备受困扰的大脑无法饱含精力与清晰的逻辑思考。当大脑细胞被忧虑的烦忧所毒害，当我们无法以纯洁的血液与纯净的心灵面对工作时，自然是无法发挥与以往相同的能量的。

大脑细胞总是时刻处于血液的浸淫之中，从血液中获得能量。而当血液中充满了恐惧、忧虑、愤怒、仇恨、嫉妒或敏感细胞的原生质变得紧绷的时候，这会让细胞受到物理上的损害。

许多母亲在对孩子们无益的担忧与恐惧之中浪费了不少的能量，总是在忧虑这些与那些现实中根本不存在的事情。**总之，这要比她从事日常家务消耗更多的能量。所以，她会奇怪为什么在一天工作之后，自己会感觉如此的疲惫。**她没有想到，自身的许多能量都浪费在无谓的烦恼之中了。

更为常见的是，人们总是让一些小小的担忧、细小的烦恼以及一些毫无必要的忧虑将内心的恐惧感激发了。不仅如此，许多人在中年时候就将老年的忧虑都用上了。看看那些在30岁就露出萎缩与憔悴的女人模样，并非因为她们所做的工作，或是她们遇到的真正的烦恼，而是因为她们习惯性的忧虑.。这无助于自身，也给家庭带来了不和与不幸。

忧虑不仅让女人变老，也让女人显得憔悴。这就像凿子在她的脸上刻上深深的皱纹。我看到一些人因为几周时间的忧虑，而整个人的容貌都全然改变的现象。给人的直观感觉是，她显得就像完全另外一个人。

没有什么能比拥有乐观的习惯、注意看到事物美好的一面、不去在意人生的丑恶一面的想法更能迅速摆脱烦忧了。然而，我们却看到不少女人想通过按摩、锻炼、下颌修复、美容以及各种方法去掉忧虑与烦忧在肌肤上留下的痕迹。显然，她们没有认清最重要的万能药方就在她们的心灵之中——她们一刻不停地忧虑，正如似乎时刻在摆脱自己的忧虑。

想要保持健康的标准状态，其实我们有很多方法都可以去改正忧虑的。比如，一个良好的消化系统、一颗清明的良心。虽然忧虑总是在不正常的状态下生长的，但是忧虑却无法在身体完全健康的状态下成长。换句话说，唯有在那些弱者身上，这种身体的储备能量才会在耗干之后显现出低等的活力。

当你感到恐惧与忧虑进入你的心灵之时，要及时将勇气、希望、自信注进心灵，不要让幸福与成功的敌人在你的心灵中扎营，不要将所有如吸血鬼的忧虑进入自己的心灵，你就可以保持正常状态下的活力。

当你知道对付忧虑的解药之时，你可以轻易地消除忧虑的思想；你可以总是在心灵中注意这些思想，你并不需要到药店或找寻医生；你总是可以时刻准备好的。

记住：现在你必须做的就是以希望、勇气、欢乐、安静来替代沮丧、忧虑、悲观、忧愁。这两种思想是不能共存的，其中一方必然是排斥另一方的。

第三十六章

心灵鸡汤

一个真正伟大的人能够控制自己心灵的王国。他能随时掌控情绪，**也知道如何运用心灵的调剂来化解忧虑的情绪，去抵抗任何邪恶的想法，以积极的思想去抗拒那些悲观**。正如一位医生能够通过碱性的药剂来中和吃进去的酸性食物，其道理是一样的。

一个无视食物所含成分的人，可能将酸性物质添加到原先已经很酸的东西里。但是医生知道化解这种酸性物质的解药所在，并能解决其中的酸性，保证在很短的时间里消融这种腐蚀性的物质。

所以，我们每个人心灵的医生都知道如何通过乐观的解药去抵抗阴郁与沮丧的情绪所带来的腐蚀性，让人排解压抑的能量。简言之，**乐观的心情必定能压倒悲观的想法，而和谐的思想必能迅速地平息所**

有不和谐的想法。

那些健康的想法可以医治生病与心灵的忧伤。因为，他总是拥有自身心灵的医治方法。当他运用这种医治方法之时，那些邪恶想法致命的腐蚀性能量将会被消除。

许多人都曾长时间遭受这种心理的破坏，因为他们对心灵的疗伤毫无所知。有些人的心灵遭受着自我毒害，却不知道该如何去预防。但聪明的人能认清所有心灵毒害的各种适宜的解药。这个时代终将来临。

我们将会发现，凭借着"反抗的思想"去做，正如通过冷水来剥夺热水的能量一样，我们可以涤除所有不友善与不友好的邪恶思想。这种"反抗的思想"就是那些有利于疗治心灵创伤的绝好因子。比如，乐观向上的心态。

我们应能控制自身的思想，正如控制着水温。若水太热，只须调到冷冻的按键，若觉得头脑发热之时，我们只须转向爱的思想、平和的思想，愤怒的火焰将在瞬间被冷却。

仇恨不能在爱的面前存在，而爱将杀死所有的嫉妒与报复心理。然而，很多人所共同面对的问题是，他们试着将自身不良的思想驱赶，而不是想着去用良好的思想去医治。他们总是试着在自身没有解药的情况下，去将这仇恨的思想驱赶出心灵。

我们不能将房间里的黑暗驱赶，但是，当我们让阳光进来黑暗就自然遁形了。

许多人似乎认为，只有思想才会影响大脑的运作。但事实上，我们还有许多的东西可以做到这一点。生理学家们发现，大脑的灰色部分影响着盲人指尖的触觉。这也是盲人们神奇的一种能力。事实上，他们能区分出最细微的东西。**比如，金钱币值不同，颜色、痕迹甚至是阴影。这些都能充分显示思想并非完全由大脑控制，我们整个身体都是在"思想"的。**

人类的身体完全是由细胞组成的。我们是由12种不同类型的细胞所组成的巨大集合，诸如脑细胞、骨细胞、肌肉细胞等。充沛的健康与能力则依赖于身体每个细胞的完全正常的运作。

身体上数十亿的细胞都以最为紧密的方式联系在一起——通过亲和的方式联系在一起。这就造就了"一损俱损，一荣俱荣"的现象。每个细胞的活力或衰退，让我们的人生充满了生机或沉沦，这取决于我们思想的品格。对此，实验已经证明了，我们因为脑细胞的损伤而忍受不幸与邪恶的想法。比如，在暴怒之后，有时候需要几周时间才能让脑细胞恢复到原先完整的状态。

同样，无数次实验已经证明了，所有健康的希望、有趣、鼓舞、升华与乐观的思想，**都能提升整个身体细胞生命的活力——它们是极富创造性的，而相反悲观的思想则是摧毁细胞的生命。**艾尔玛·C.盖茨的试验已经显示了，由于受损组织所引起的难以擦拭、悲观与痛苦的情感，这些情感其中一些是极为有毒的。而另外一种情况，有趣与幸福的情感则能催生富于营养价值的化学物，这将让细胞催生能量。

盖茨教授说："每种不良的情绪，都在身体组织上有着相对应的化学反应。而每种积极的情感则是生命提升的改变。每种进入心灵的思想都对细胞组织有一定程度的影响。这种改变是物理性的，甚至可以说是永久的。"

水中任何污垢与不纯的物质，都能通过化学的方法去除。所以，人类的污浊、被毒害的邪恶思想与不良习惯，都是可以通过正确的思想根除的。换句话说，我们可以凭借一些与污染相反的思想去掉。

记住一点，每一种病态的情绪，每一种不协调与软弱的思想，都是心灵受损的症状的表现。你必须找到解药——正如以相反的思想一样，你的心灵疗效总是近在眼前的，而所有错误的解药就是真理。

让所有不协调的思想与情绪走上最佳的健康途径，就是要让心灵处于和谐之中。你并不一定要花钱去看医生，你总能有属于自身的药方。当你懂得了心灵鸡汤的秘密之后，你会停止各种症状，并且控制心灵的各种疾病。

每个真正、美丽与有益的思想都意味着，若能在心灵中铭记的话，就能不断地重新让伤口愈合，并提升人生的层次。这些励志与提升的建议填充了心灵，那些相反的思想就无法肆意地运作。因为，这两者不能共同生活在一起，他们是相互敌对的、一对天然的敌人，不能共存。

那些从早年就认识到这种心理科学运作秘密的人，正是因为认识到了在心灵中正确对待箴言难以估量的价值，**所以当他们处于不友善的环境之中仍能游刃有余地控制自己。**

第三十七章

内心的潜能

　　不知你是否意识到自身潜能的巨大能量，若你能充分挖掘与利用的话，这将让你的梦想成真。

　　要是体内数以亿计的细胞被唤醒，内心恢复了平静，我们就能清楚自己的能力。这是有例可寻的。比如，在医学历史上，有一些病人甚至在极为严重的死亡边缘上，在亲人或医生的急切呼唤下，竟能从鬼门关走了回来。但一般而言，若是病人深信自己不能康复，此人必死无疑——这样的思想无疑会摧毁自身抵抗疾病的机能。于是，身体就无法抵抗病魔的侵袭。记住：**要是缺乏了信念，认为自己无法康复的念头萦绕脑际的话，这将是致命的。**

　　同理，有很多漫无目的的人，他们成为今天失败大军的一员。这主要是因为，他们没有足够的能量让自己保持足够的精力。想要改变这一状况，他们就必须拥有能量让内心沉睡的潜能苏醒过来。进一步来讲，这些潜能被唤醒之后，将能让他们去做伟大的事情。

我们谁也不知道在一场极端紧急的事故或极为迫切的时候，以及需要我们立即做出反应的时候，我们能做出什么之前觉得不可思议的事情来呢？

其实，我们只需知道自身所潜藏的巨大的能量，那么，在一些严重的铁路事故、火灾或其他重大的紧急时刻，一个流浪汉与无业游民在思想的瞬间能转变为一个英雄，我们也就无须感到惊讶了。因为，这些英雄的情愫在他们的内心早已潜藏了，只不过这些灾难催生了这种情愫。

我认识某位能力平平之人。在被催眠之后，当时他的头部与踝关节在两张长椅子之间，他竟然用自己的身体支撑了6个身体与自己一样重的人。不仅如此，有时，跷跷板上的身体可以支撑起一匹马。这些现象不禁激起我们心灵的反响，正如若是不借助工具的话，人根本是飞不起来的。因为，在一般情况下，他根本不相信自己能够做到这点。但正是在催眠师的巨大能量的指引下，他能够做到了，并且轻而易举地做到了。

那么，让人去做如此伟大事情的能力到底源于何处呢？当然，这并非源于催眠师。因为，**他只是将这些潜能呼唤出来了而已——这些并非源于此人身外的奇异力量，而是源于此人潜在的能量。**

正是由于内心潜藏的能力，让我们去做永恒的工作。我们都意识到，自身有某些东西是永远都不会生病的、永不疲惫的、永远也不会出错的。所有的原则、真理、爱与正义都在这些伟大的内在之中。这是美感与公正的家园，这也是精神美感所居住的地方。这里蛰伏着让我们明白所有事物的平和，并且闪闪发亮，这是海上与陆地都看不到的光亮。

当一个人处于正常的状态下，他想去做正确的事情。因为他是在公正、诚实与真实的基础之上营造自己的。人的能量中有某些东西是永远都不会退化的，永远不会被摧毁或玷污的。当然，这总是真实与干净的——这是人的神性所在。若能被唤醒的话，这将像酵母一样将人生中所有堕落的东西都潜移默化地改变，直到将一个早已迷失自己的人带回到上帝身旁，恢复到原先正常的状态。

我们都有这样感想的时刻，看到自身无限的可能性。比如，**让我们远离自己喜欢的，在我们心灵中打开一道裂口，让我们得以窥见原先不知道自己拥有的潜质**。再比如，因为阅读一本励志书籍，或是一位朋友的鼓励，让我们看到了自身可能的提升。但无论怎样，在一旦感受到这种力量所带来的兴奋之情后，我们就不会与之前一样了。

当一个人感受到真理、正义这些巨大的原则在血管中流淌，就会知道无论整个世界如何反抗自己，这个原则仍与他同在。**这就是为什么林肯在这个世界上拥有如此巨大影响力的原因。这不仅是因为他天赋过人，而是此人肉体背后所潜藏的巨大原则**。换句话说，正是林肯身上所彰显的真理与正义，让他为后世所敬仰。

若某人能充分调动内心的神性原则，这种永不消逝的原则，永不生病、永不犯错的原则，他将能够达到人生最大的效率，获得最大的幸福。日后的医生都能教会病人们，在他们心中都有某种富于创造性的东西在涌动。**这种创造的能力让我们在人生中感受到欢愉与幸福，不断地恢复自己的能量。就好像一个人跌断骨头或擦破皮肤的时候，肌体自身愈合的过程马上就开始了，其原理是一样的。**若我们所接受的教育、成见、信念没有影响到这种创造性的过程，而是被锻炼成助长这一过程的话，那么这一愈合过程将更加迅速、更为完美。

创造我们的力量，也是每天晚上在我们睡觉之时仍能保持活力的能量，这种能量让我们身体的每个细胞不断地更新。

许多人度过自己的一生，从没有深深地意识到自身巨大的潜能。他们的人生显得干枯、乏味、没有效率。若我们能深挖自身的潜能，就能挖到滚滚的活水；我们一旦品尝到，就永远都不会口渴，永远都不会觉得有所缺失或匮乏。因为，世间所有美好的东西都降临到我们头上。

当我们向上天伸出手臂之时，活在富足与各种资源丰富之时，就不会觉得贫穷与拮据了。

第三十八章

过分敏感是一种疾病

"因过分敏感而驶向毁灭"，这是在报纸头条上频频出现的话。这些报道背后是一出出让人感到遗憾的故事。

一个年轻的女孩，从小在一个幸福的家庭里过着舒适与安逸的生活。突然间，一切都要她自食其力了。父亲的去世，财产的消散，这些都逼着她每天要工作以养活自己以及年老的母亲。她在纽约一家企业中谋得一份速记员的差事。在一段时间里，她勇敢地对抗着厄运。

但这位心灵敏感的女孩内心是高傲的，并且过分敏感。她自身寒碜的衣服引起别人的说三道四。这让她变得不合群了，远离了那些穿着时尚的年轻女孩，同事们都觉得她是一个怪人。

一天，一个不懂世故的笨拙的男职员问她为什么不像其他女孩一样穿着，这个女孩马上远离了此人，内心仿佛被钉子刺着，强忍着眼泪。

打那之后，她的敏感与日俱增，她将自己修补的手套、破旧的鞋子与衣服同那些时尚的服装相比较。她觉得自己再也不能忍受这种被人看不起的压力了。所以，某天，她用午饭的钱去买了一瓶石碳酸，结果了自己的一生。

人们将这个贫穷的女孩比作含羞草。含羞草的叶子在被人触摸的瞬间就会缩回。对跟这个女孩类似的人而言，别人必须时刻注意，以免伤害他们的感情。因为，这样的人有太多的敏感之处，你必须极为小心，以免去刺痛他们。总之，哪怕是别人轻轻的一碰，他们所感到的疼痛要比其他人抵挡一拳更为强烈。

许多人无法正确面对自己的位置，无法在自身有能力的时候保持一个良好的位置。正是因为这个致命的弱点，许多优秀的商人都因此而退却了，甚至是被摧毁了。只是因为他们时常先入为主，认为自己被别人冒犯，或在自己的臆想中自我贬低。仅此而已。

许多牧师都是一些饱受教育与极富才华之人，但是极为敏感的天性无法让他们长时间担任牧师一职。他们那些扭曲的观点，让他们总是觉得别人在自己背后说些坏话，处心积虑地让他在大庭广众之下受伤害。

许多学校的老师都是过分敏感的受害者，家长的评论或学校领导的批评，以及日常教学过程中所遇到的各种琐事都会进入他的敏锐的耳朵，让他觉得别人似乎都在针对他。

作家、作者以及其他拥有艺术气质的人，一般都是极为敏感的。

我认识一位极富能力与颇具才华的编辑，但他却是一个极为敏感的人，总是感觉自己受人委屈。他在报社无法获得应有的位置。他总是被一些无关痛痒的批评所刺痛，并且将所有针对作品本身的建议视为对个人的攻击，内心耿耿于这些受伤的情绪，这让他无法获得可亲的性格。

过分敏感实际上是自我意识过分夸张的表现形式。这与自负与自尊相距甚远，但却在性格中造成巨大的阴影。一个敏感之人能感受到，无论他做什么，到哪里去，无论他说什么，他都是别人视线的中心。比如，**他臆想着别人总是盯着他的一举一动，总是在嘲笑他，并且分析他的性格，而别人可能压根儿没有想到他。他没有意识到，别人实际太忙了，对其他事情充满了乐趣，根本没有时间投入到自身范围之外的东西。**

其实，许多人在举止或风度上都是善意的，都会乐于助人，而不是袖手旁观。但他们根本没有时间去分析日常工作中遇到的人的性格或其他方面。**在这个忙碌的世界里，来来往往，匆匆忙忙的，想着要继续前进的人必须摆脱所有病态的敏感，若他不这样做的话，注定会感到不快或导致失败。**

数以千计的年轻人之所以无法从事心目中想去做的事情，未能实现自身伟大的理想，就是因为他们害怕与这个世界打交道，过分敏感的心灵让自身成为了懦夫。

病态的敏感需要英勇的治疗。那些罹患此类敏感病症的人要想克服的话，必须坚定地控制自己。这正如他去控制自身的急性子，摆脱说谎、偷窃与喝酒的习惯，以及任何让他成为一个完整之人的缺点，这两者都是他必须去克服、去治愈的。

一个深受此害的人会问："我应该怎样摆脱呢？"答案其实很简单，那就是少想自己，多想别人；要更加自由地与别人交往；要对自己身外的事情更感兴趣；不要因为别人对你所说的事情而感到忧伤，或细细地品味别人的每一句话语——直到自己将之升级到极为严重的程度；不要对别人拥有如此低等与不公正的评价；不要认为别人都只会伤害自己的情感；不要总是在每个场合不断看低自己与蔑视自己。

记住：一个能以真正的眼光看待自己的人，能给予邻人适宜的评价，就不会成为这种过分敏感的受害者。

第三十九章

保持冷静的头脑

无论在任何情形、任何状况下都要保持冷静的头脑。当别人惊慌失措之时，仍要继续保持冷静，保持良好的判断力与常识。当周围的人开始做傻事，你能做到冷静，这说明了你拥有巨大的后备力量，是一个镇定与自我控制之人。

以下这些人都表现出心灵的脆弱：比如，轻易失去冷静之人，在突发事件中惊慌失措之人，或当巨大压力压在他们心头抑或是在一些不同寻常的事情发生的时候茫然无措之人，这些人是难以在紧急时候获得别人的依赖的。

反之，再看看这样的人：比如，在别人不知道怎么专注之时，知道自己该做什么；当别人兴奋之时，显得冷静；当感到极大压力或被迫要担负起极大责任之时，仍能岿然不动。这样的人无论到哪里都是受欢迎的。

企业的基石取决于具有良好判断力与常识的员工。员工们时常会惊讶地发现一些能力看似平平的人处于极为重要的位置，事业上高歌猛进。但是，雇主看重的并非能力的卓越，而是良好的常识、全面的判断力、冷静的头脑。在雇主找寻冷静与实用之人时，他寻找的是那些能做事情，而并非在做白日梦的人，这些人通常拥有大学学历、良好的学术修养，或是有着某一方面的天才。

对一个心胸宽广与心智平衡之人的巨大考验，就是在不同环境下，他都不需要有多大的改变。**比如金钱的损失、工作的失意、人生的悲伤，这些都难以打破他人生的平衡。因为，他牢牢专注于工作的原则，也不会因为稍稍进步而沾沾自喜。**

无论处于任何环境我们都要站稳脚跟。若跌倒了，无论在任何情形下都不要失去自身的平衡。当别人感到困惑或兴奋之时，要保持冷静与深思熟虑，这会让我们在人生的社区中拥有巨大的力量。

只有冷静之人才能在任何暴风雨中保持冷静，才能应对所有紧急的状况。那些摇摆之人、朝三暮四之人，那些总是无法肯定自身之人，在危机来临之时总是撒腿就跑。他们在慌张中失去了勇气。还有一些只希望一帆风顺的人，他们就像羞怯的女孩，只有在风平浪静的时候才敢出外扬帆。

无论在什么情况下，无论我们在航海中遇到冰山还是暗礁，都保持沉着的大脑；无论暴风雨多么剧烈，无论浪头多么汹涌，都无法让人畏缩与后退，或有任何畏惧之色。你可能会觉得在这样的状况下还能拥有那份安稳与沉着，看起来是天方夜谭。但是你要知道，冰山八分之七的庞大体积都是在水下面的。在海洋深处，这种巨大体积能够安然无恙地度过海浪与暴风雨的吹袭，而水面下这种巨大的能量的保存，这种巨大的动力会让冰山暴露出的一角能够抵挡任何撞击。

心灵的平静意味着力量，平静是心灵和谐的产物。一根筋儿的人无论在其他方面多么杰出，他都难以达到心灵平和的状态。这好比一棵健康茁壮成长的树木用树叶吸收的营养去促进粗壮枝叶的发育一样。那么，树的其他部分肯定要遭受营养的匮乏。

韦伯斯特巨大的心灵平衡能力让他成为参议院与法院一个极富影响力的人物。他意识到巨大的心理能力带给他的巨大力量，这要远胜于那些软弱、总是怀疑自身才能的人。

全面发展、冷静之人是罕见的，他们总是极受欢迎的。我们发现许多优秀之人，他们往往在很多方面都是极有才华的，但他们总是做一些怪异、愚蠢与没有条理的工作。**他们贫瘠的判断力总是让他们跌倒，他们的品格流向像蜿蜒的河流在地势不平整的乡村上划过，成效不大。**而一旦被人们看作为人古怪或判断力不强、总是做一些愚蠢事情的话，对这种人而言算是一个致命的打击。

若你想被人视为冷静头脑，你就必须在行动上有所表现。多数人都在不断地做着事情，特别是一些琐碎的事情，这无法获得他们的认同。不仅如此，他们无论在什么情况下，根据正常判断本不可能被视为有用的事情，但他们却做了。于是，在之后的行动中，让自己表现得更加冷静一点的可能性就减弱了。因为在他们的思想意识里，已经形成一种固态的反应，总之，他们似乎成为琐碎之事、无用之事的奴隶了。

大多数人都是在利用自己的第二甚至第三感的判断力，而不是自己的直觉。因为，这通常是适合我们的舒适度与方便的。我们可能会为之哀惋，但大多数人本质上都是懒惰的。我们都想远离那些烦人的工作，我们不想做一些让我们失去安逸的工作、时刻困扰着我们的工作。

若你总是强迫自己去做自身本应去做的工作，就要诚实地以自己最好的方式去做，而不是自己投降或逃避责任，抑或一味地顾及自身的舒适与方便。这样一来，你将大幅地改变自身的品格与判断力，将增强自身为人冷静处事的声誉。

第四十章

他曾拥有金钱，但却失去了

不知有多少才华横溢、诚实的年轻男女，他们努力工作，为了自身的未来牺牲了安逸与各种眼前的享受。但却由于对商业法则的无知，人到中年之后，未能再次展现出诚实的劳动或自我的克制。

不知多少人发现自己到头来没有一个家，或者根本就没有能力去获得一个家，也没有为疾病、为年老之时、为不可避免的紧急状况而储备金钱，更不用说准备必要的财富以防止各种各样的不测了。

我们发现很多学生甚至大学毕业生，他们都是满口理论，脑中充斥着杂七杂八的知识，以及很多一知半解的知识。即便是这样，他们也没有能力去让他们免于那些不学无术的骗子的侵害。**任何学生要是没有掌握实用的工作方法都不准从大学毕业，特别是那些在高等学校**

毕业的。

父母不能让自己的子女到处闲荡，但却允许他们自身对日常商业准则毫不熟知，这会带给他们巨大的伤害。**许多有钱人都是在这种大众的无知、在他们对这些商业方法一窍不通的情况下迅速成长起来的。**

一些狡诈的银行则很容易让那些根本不懂如何保护自己财产的人上当。他们的繁荣是建立在同胞们的无知之上的。他们知道一个精明的广告，一些似是而非的双关词语的运用，一些虚假的画面，将让那些无知的人们辛辛苦苦赚来的钱财付诸东流。

让人难以置信的是，一个身强体壮、结实与自学成才的人，在努力挣扎着要摆脱贫穷的过程中，辛辛苦苦地赚着每一分钱，却在一些最为愚蠢的投资中让钱从自己的手中溜走了，而自己却也从不深究。**比如，他们通常将钱送给千里之外那些自己从未谋面的人，而自己对他们根本毫不了解——除了一些商业广告上肤浅的介绍，仅此而已。**

很多人之所以感到后悔，是因为他们全权委托律师或商业代理人，而他们几乎对这些人在现实中缺乏完整的了解，特别是一些女性。他们认识到律师在这方面的重要作用，于是全权委托他们去管理自己的财产，似乎他们才是自己财产的所有人，或者他们似乎在那段时间里代表了自己的意愿。这些律师可能将你的名字用于各种场合；**他可能让你深陷他所感兴趣的事情；他可能从你的银行中随意提款；他可能瞒着你从事各种商业活动。**简而言之，就商业安排而言，他在现实与法律层面上代表着你，将这种巨大的权利交在别人手中，人们应该对于委托之人极为慎重与小心，这不应该委托给那些诚实有问题的人，而是应该交给绝对诚实，并且为人处世已经得到世人认可的人。

为了自己的家，为了保护你辛辛苦苦获得的收入，为了你心灵的平和，为了你的自尊、你的自信以及你所做的一切，绝不要忽视这种良好、扎实的商业培训，要在人生早年就去这样做。**这会让你免于跌倒，让你免于无数次的尴尬。也许，这还需要你不至于在你的家人或朋友面前羞辱地承认自己的失败**，这让你免于从富裕的家庭沦落到一无所有，看到别人将原本属于你手中的财富抢走。总之，认清楚自己的弱点，是否之前缺乏眼光或周密的思想，可以让你免于成为别人宰割的对象。

许多富有教养的年轻女人都由于自己父亲的失败或过早地逝去，才突然意识到自己要自力更生，发觉自己完全没有能力去治理事务与赚钱。许多女人在他们丈夫突然死去的时候留下了许多商业责任，而她们却完全没有能力去承担。她们不得不要任由委托律师或者不诚实的商人宰割。他们知道，当处理重要事务的时候，这些不懂商业法则的女人，就像等待宰割的羔羊一样。

若是每个小孩都能接受完整的商业法则的培训，数以千计的狡诈与诡计之人——他们的兴旺是建立在别人无知的基础之上的——也将完全没有了存在的市场。

保存金钱与明智的投资，要比赚钱更加困难。一些最为实用的人，在接受长时间的科学工作方法训练之后，会发现赚钱之后要想保存钱是很困难的。而那些完全没有接受训练的人，他们又会采取怎样的做法呢？

我相信，今天美国文明最大的祝福者是商学院，正是因为商学院所传授的教育让数以千计的人们保住了房子，让他们生活得舒适与幸福，不然的话，就会在贫穷与痛苦中度过。所以，选择商学院、接受商学院的教育是一个不错的解决方法。

第四十一章

就在今天

有人曾说："在巨大事物的边缘，我们站稳了脚跟。"世界历史从来没有像我们今天这样处于伟大事物的边缘。所有过往的岁月都像雪球一样翻滚为伟大。而今天则是过往所有世纪的总结，**就像一座巨大的仓库堆积着过往所有时代的珍品**。每个发明家、探索者与思想家、工人，那些过往之人都为今天贡献着自己的力量。

今天就是历史上最重要的一天，因为这是由过往无数个昨天累积而成的。在今天，我们拥有着过往所有的成就与所有的进步。**想想，今天的少年与一个世纪之前甚至是半个世纪之前的同龄人相比，拥有多高的起点啊**！

由于蒸汽、电力、化学与物理上的发现，让我们摆脱了繁重的工作，我们从过往的痛苦与奴隶劳役中获得了巨大的安逸与解放。今天人们所拥有的享受是100年前君王所不曾拥有的。

一些人似乎认为过往的时光才是适合生存的，唯独今天不是。但那些推动世界进步的人，必然是生活在今天的。他们必须接触今天的生命，感受文明进步的脉搏。正是因为我们并没有生活在过往的世界，也没有沉迷于明日的世界，而是踏踏实实地活在今天让我们取得成就。我们必须知道，**今天我们居住的世界要与不断进步的文明共同适应。遗憾的是，这个世界很多最优秀的精力都浪费于活在过往或思虑未来了。**

那些活在当下之人，会想着最大限度地利用当前所拥有的事物，而不会因为犯错而活在悔恨之中，或因为昨日的失败而自责，或将时间浪费于明日无限可能的事物之上。**这样的人更容易取得成功，这要比那些总是不断专注于未来或过往的人获得的更多。**

所以，不要尝试在1月的时候，想着2月的工作来糟蹋自己的生活；不要在这个月里吝啬或过度节约，只是因为你的目标在远方的未来，或为下一年而节俭。今天不要踩在百合花与雏菊之上，不要只看到世界的美丽与神奇之处。其实，这些都在你的脚下可见的，因为你的双眼专注于仰望星空了。

下定决心，你将享受当前所拥有的舒适，不要再将时间浪费在想象中驾驶豪华汽车或在游艇之中——这些可能在明年才会发生的事情上。**你将要享受今天的衣服，而不是期望着漂亮的外衣、优美的皮毛，抑或是优雅的连衣裙，让你觉得在明年可能会显得更加美丽。**

只要下定决心，你将在自己的小农舍或你的房子里玩得最开心，你将让这个地方成为世界上最幸福与温馨的地方。你不是活在远方那虚无缥缈的大房子里，但这并不意味着我们不为明天做准备，或者对即将到来的事物缺乏良好的期待。**这只是意味着我们不能将双眼专注于未来，过分迷恋于对未来的期待之中。如果我们在今天无所事事，就会失去乐趣、失去机会与欢乐。**

让自己全身心地活在当下，不要想着让自己在今天获得只是1%的乐趣，而明天就可获得99%的幸福。记住：在当下，就要活出最好的自己。

我们并非活在完全对未来的期待之中，过分沉湎于想象之中。如果这样的话，会让我们的生活毫无生趣并显得枯燥，会让我们的工作显得枯燥而不是充满乐趣，会摧毁我们原本应该享受生活的乐趣。

真正的幸福在于我们过好每一天，而不是一味地想着过往或未来。就像以色列的孩子们试着储存的食物，若我们想着为明天预留着什么，这些食物就会变馊。我们到处可以见到一些人寄望着明日感到舒适与有用，而不是今天。行善的机会对今天的他们而言，**实在是太忙了。他们忽视今日的友情、社交，他们延迟所有这些小的善举，他们觉得当自己继续前进的时候，或拥有更多金钱的时候，就会更有资本去做一笔捐赠。**

若我们挣扎着要远离那些让人不快的常规与对现状的不满之时，就会希望自己能在未来有神奇的转机，获得自由与幸福。我们在一种幻觉下工作，认为若自己能够暂时地避开眼前这根刺或鞋中的沙砾就会感到幸福。但你想过没有，我们不动用自身享受的功能，难道它们不会枯萎与萎缩吗？

　　我们能认识到，只有当前才是真实的，只有现在才是真正存在的。这将大大有利于我们的发展与进步。实际上，没有真正所谓的昨日与明日，除了当前我们所存活的时刻，我们无法确定任何事情。

　　所以，我们不能让自己置身于未来，也不能沉湎于过往，只有现在才是永恒的，而年岁、日月与分秒都是对永恒的现在的一种武断的分割而已。若我们能够充分利用的话，这将大大增强我们的享受能力，让我们的工作变得更加高效起来。

第四十二章

勇闯人生，开辟新路

这个世界奖赏那些有勇气让自己脱颖而出的人；勇于摆脱平庸并宣称自己有才华的人；勇闯自己人生，走自己道路的人。正是无畏的独创性吸引世人关注的目光。否则，你将难以在这个世上留下自己的印迹。

逝去的东西并不能削减你的才华，你会拥有属于自己的形象。前提是，无论你的工作是什么，不要追随别人，不要盲目模仿别人；不要做别人之前已经做过的事情，而要以一种新颖与原创的方式去做，向别人展现你自身的特长。

下定决心，无论你在这个世上有何成就，都必须是原创性的，带有自己品质的烙印。不要害怕大胆地以个人的方式来肯定自己。记住：原创即是能力、生命，而模仿则只有死路一条。

世上总会有属于原创之人的一席之地。不要害怕展现自己的才华，只有通过原创而不是抄袭，通过带领别人而不是追随别人，我们才能真正成长起来。我们要下定决心，让自己成为一个具有想法的人，永远找寻着进步的空间，要有所目标。

不要迷恋于过往前人所做的。这个世界充满了追随者、依赖者与尾随者。他们愿意走老路。那些具有原创力、敢于摆脱窠臼勇闯新的领域之人，才是我们最想要找寻的。

无论是物理学家还是那些律师，他们都以一种前人所没有尝试过的方式去办事，还有那些能将新颖的教学方式带到教室的老师，以及那些有勇气宣称上帝赐予他们信息，并敢于将这些信息写在书上的人。这个世界希望看到牧师能将布道源于生活，而非图书馆里的书籍的某一段陈词滥调。

不要害怕走自己的路，要独立起来，不要依赖别人，做最好的自己。我们活在世上，都是很特别的人，不要想着去复制自己的祖父、父亲或邻居的工作方法。否则就像百合花想变成玫瑰，或雏菊想变成向日葵一般愚蠢。

大自然赋予了万物各自存在的缘由，每个人活在世上，都有各自独特的一面。若他试着去复制别人或去做别人的工作，他就会失败，感到无所适从，最终只能获得失败的命运。

个人的才能、个人的独创性才是最重要的。任何取得成功之人，都没有想着要成为别人，即便别人取得了成功。成功是不可复制的，当然，你也不能成功地被别人模仿。

每个人的失败程度，是与他背离自身而想要成为别人的程度成正比的。因为，真正的力量源于自身而非别处。所以请做自己，爱梦想，倾听自己内心的声音吧！

在每种工作之中，在贸易与商业的活动之中，总是存在着提升的空间。而原创性则是极受欢迎的。这个世界为有创意的人让路。

拥有原创的思想、与时俱进之人能够找到新颖的方法，这才是推动社会真正进步的力量。无论走到哪里，这样的人都是抢手货。而庸庸碌碌之人只能属于芸芸众生。

独创与独特的方法都是具有极大的宣传价值的。一个运用普通经营方法的人，尽管他可能拥有极为优秀的能力，也难以吸引别人的注意力。但若他能走自己的路，采取原创与进取的方法，充分发挥自己的优势，并吸引别人的眼光。那么每个光顾他生意的人，都可以算是为他做了一次广告。

但是，绝不要误认为只要你能以新的方式去做事情，就必然能够取得成功。真正重要的是有效的原创性。数以千计的人总是不断地研究新的主意、新的做事方法。而那些难有成就者就是因为他们工作低效与缺乏实效。

这个世界亟须那些能以新颖与改良的方式去做事情的人。不要以为我们的计划或主意没有存在先例或因为你年轻且没有经验，就无法获得别人聆听的机会了。

拥有最新的设备与最具原创的主意，无疑会吸引别人的目光。没有比原创与独一无二的做事方式，特别是当它们高效之时，更能吸引雇主或世人的注视了。

那些拥有新颖与富有价值的东西的人都会受到别人的倾听与追随。那些拥有强烈个性的人，他们敢于坚信自己的思想与原创的想法，并不害怕坚持自己，绝不复制别人的老套，必然很快就会获得别人的认同。

一个年轻人所能做的最精明事情——先别谈这对他品格方面的影响——就是将自身潜藏的最大的原创性与卓越性投注于所做的每件事情上。

我们在自己职业生涯的初始就要下定决心，将自身的印记烙在自己双手所做的每件事情上，决心让自己所做的事情都有自己品格的烙印，展示自己最高级与美好的商标。若我们这样做的话，就会获得大量的资本去开始，并且能够成功地展示自己。

记住：我们最大的成功就源于自己本身。

第四十三章

向善的刺激

两个抢劫的强盗碰巧路过一个绞刑架，其中一人说："若是世上没有绞刑架的话，你说我们这个职业该多好啊！"

"你傻呀！"另一个人回答说，**"绞刑架就是我们这样的人设计的，要是没有绞刑架的话，人人都会去做强盗了。"**

正如每项艺术、每项工作或每个人生追求，正是其中存在的困难，让一些缺乏胆量的人逃离与畏缩不前。

许多人将他们人生的辉煌归功于自身所遇到的巨大困难或挫折。对此，斯坡金说："最好的人生工具就是他们从火中淬炼而出的，而利刃则是人们从砥砺中锻造出来的。"

许多拥有伟大能力之人，他们之所以湮没在这个世界，是因为他们并没有与挫折进行过搏斗，也没有在困难之时挣扎摆脱，去唤醒自身沉睡的功能。**所以，我们必须尽全力沿着自己的理想前进，要在努力获得内心所渴望的东西之时做到最好的自己。**

我们能够战胜对手，正是他们的存在激发我们去克服前进的阻力。没有反对之人，我们就不可能让自己变得不断强大起来，站稳脚跟。正如橡树在与暴风雨搏斗数千次之后，才深入地下，扎稳根系。我们的考验、悲伤以及痛苦都是以相同的方式在心底发芽的。

不幸与悲伤在我们的心中翻滚。但是，丰富的经验与新的乐趣会不断涌现。在克里米亚的一场战役中，一颗加农炮弹落在堡垒里一个美丽的花园中爆炸了。但从满目疮痍的地表上，我们可以看到清泉在喷涌，之后就变成了一座活生生的喷泉，泉水从一道丑陋的切口中喷出来。

一位著名的科学研究者说，当他遭遇一个看起来难以克服的障碍之时，他通常发现自己处于突破发现的边缘。

厄运只能不断地将他们包裹在表面的防护层剥离，让他们不断深刻地认识自己。障碍、困难，这些都是将坚强的人生塑造美感的凿子与木锥。正是不断的挫败让人们用骨头去摩擦燧石；正是失败让软骨变成了肌肉；正是失败才让人变得战无不胜。

"多谢投稿，下次好运。"这样的回绝信件让许多人成为了作家。失败通常激发他们内在的潜能，唤醒他们沉睡的目标，将沉睡的力量苏醒过来取得成功。而那些真正有胆识的人，将失望看成是一种外在的帮助，就像蚌将让它烦恼的沙子变成珍珠一样。

一些年幼的雏鹰从破壳出来的时候，就开始了飞翔的过程。雏鹰在成长为老鹰的过程中所历尽的粗犷与勇猛，将作为它们一生中宝贵的财富，让它们成为鸟中之王，迅疾地捕捉到猎物。**那些从小饱尝磨难与辛酸的孩子，经常能够出人头地；而那些从小含着金钥匙出生的人，则往往难有作为。**

　　自然就是这样，当困难增强之时，心智也得到了增强。"上帝最青睐的人，就是一个诚实之人，能够勇敢地抵御厄运。"

　　贫穷与默默无闻都并非不可逾越的障碍，但它们对那些天性懒惰之人却是一种刺激，让他们拥有更为强大的心智，更加坚实的肌肉与身体的活力。就像珍珠越硬，其光泽就越加闪亮一样，而这些都是需要更多的摩擦才能达到的。就像只有其自身的粉层才会让最宝贵的石头展现其美感一样，外界的刺激往往会激发一个人的潜能与斗志。许多人都是直到自己失去了一切，才会真正地认识自己。

　　燧石的火星要是没有摩擦，将会永远沉寂无光。人的激情要是没有刺激，也将永远沉默无闻。**正是在马德里的监狱里塞万提斯完成了《堂·吉诃德》。那时，他实在是太贫穷了，甚至写到最后连买纸张的钱都没有了。于是，他不得不在要破碎的皮革上写作。**一位富有的西班牙人想去帮助他，但塞万提斯回答说："上帝见证，贫穷终将过去。"因为贫穷，让这个世界的文学史上增添了一分耀眼的光芒。

　　无独有偶，监狱激发了许多高尚的心灵中沉睡的火焰。比如，《鲁滨孙漂流记》写于狱中，《天路历程》诞生于比尔福德监狱里。沃尔特·拉勒格爵士写道："《世界的历史》是他在13年的牢狱生活中写就的。"**路德在身陷沃特堡中完成了《圣经》的翻译。在4年的流放生涯中，但丁继续工作着，甚至不畏惧死刑宣判。**而无论曾在煤

矿里工作，还是在地牢里关押，约瑟夫最终登上了王位的宝座。

几乎从人类历史的发端，大多数犹太人就遭受压迫，但他们却带给这个世界一些最高尚的歌曲、最睿智的格言、最甜美的音乐。对他们而言，压迫似乎只能给他们带来繁荣。**他们能在别人挨饿的地方繁荣起来，他们掌握着许多国家的经济命脉。** 对犹太人而言，困难就像"春日的早晨，显得迷茫而善良，寒冷得足够杀死害虫，却让作物茁壮成长"。

贝多芬在创作出最伟大的作品之时，几乎完全失聪了，忍受着巨大的痛苦。席勒在身体遭受巨大的创伤之后，写了最优秀的诗篇。**席勒在15年的时间里都被病痛所侵袭。弥尔顿在眼瞎、贫穷与身体孱弱之际，写下了最著名的作品。班扬曾说："若可以的话，我祈求更为深重的痛苦，而这能够带来更多舒适。"**

一个能够毫不动摇与退缩的人，他总能抬起头颅，让坚强的心灵时刻准备着去面对所有的困难，勇敢地面对命运的残酷，他会笑对挫折。因为，他在斗争之中已经拥有了人性的力量与品格的力量，这些力量让他成为自己的主人。

这世上还有什么比看到一个坚强之人，在面对一些想要击倒他的事物面前显得不可战胜更让人动容呢？任何命运与厄运，都不能阻挡这样的一个人！

第四十四章

你有一个行善的习惯吗

有这样一个故事，一个国王有一个自己十分宠爱的小儿子，小儿子无论想要什么，都能得到即时的满足，财富与爱都能拥有，任何愿望都能够获得满足。但他却总是闷闷不乐，脸上总是露出不悦之色。

某天，一位著名的魔术师来到宫殿，他跟国王说，自己可以让他的儿子快乐起来，让小王子原先那张不悦的脸露出笑容。"若你能这样做的话，我将满足你所有的要求。"国王说。

魔术师将这个小男孩带到一处私人住宅，在一张空白的纸上写上了一些字。他将这张纸递给这个男孩，告诉他进入一个黑暗的房间里，拿着一支点燃的蜡烛，看看会发生什么。然后魔术师就走开了。

年轻的小王子照做了，而那张白纸在烛光的照耀下现出了一行美丽的蓝色的字："每天向某人做些善行。"王子遵循魔术师的劝告。之后，他成为父亲手下王国中最为快乐的人。

任何人要想获得真正的快乐，就要于人有用，知道散发出乐观与高兴，良好性情的乐观，善待每个人，以一种博爱的精神去对待身边的每个人。这样的人才会真正取得成功，只有通过我们所给予的，才能真正成长起来。

一位哲学家曾这样问他的学生："世上最让人欢喜的东西是什么呢？"

在学生给出了许多答案之后，一个人最终说："美好的心灵。"

"说得对！"哲学家说，"你的这个词语已经囊括了所有的答案了。因为，一个拥有美好心灵的人就会心态平和，就会拥有良好的同伴、好的邻居，也就更容易看到什么才是最为适合自己的。"

美好的心情，友善的性格，坦诚、开放与慷慨的个性，这些都是极为富有的。拥有这些品质的人，尽管没有一分钱可以给予，但他却可以在自己的经济能力范围之内，做出许多慷慨的举动。而许多亿万富翁的财富在他面前显得非常渺小。

人生中没有什么比在早年形成善意的习惯更为重要的了。当一个人展现自身的性情并且全身心地投入对别人的服务之时，我们就会惊讶地发现一个人会迅速地成长起来。

无论我们自身给予多少，无论我们奉献多少，给予别人多少欢乐与鼓励，这些都是绝不会枯竭的。而相反，我们会有更多可以给予的。我们拥有更多，就可以给予更多，让自己更为有用，带给别人更多的鼓励，希望会向我们招手。

我们人生的工作之所以得到不良的结果，一个原因就是我们没有成为更加慷慨的人。我们的同情心与鼓励给予的不够。我们必须多多地给予，才能获得更多。而那些不愿给予同情心与善良的人，不愿向别人表达赞美与欣赏的人，则会渐渐地让自己饥饿起来。扼杀自己的天性。

一个总是对别人说些友善话语的习惯是很贴心的。养成向别人说些善意话语的习惯，找寻到别人身上的美好点，无疑就是天使的举动了。就像几句友善怜悯的话语、几句温情的鼓励之语让约翰·B.格斯这位著名的温和演说者恢复了自身的男人气概一样。最终，约翰·B.格斯成为了一位有影响力的人。

不知道你们发现没有，现实中很棘手的问题就是人与人之间的相互误解以及我们不能给予彼此一个正确的评价。很多人只看到别人不良的一面，比如错误与不足，甚至是怪癖。然后，他们就大肆渲染起来。

若我们能够意识到，即使在最卑鄙之人的心中仍存着上帝，在最吝啬的守财奴心中仍存有博爱之心，在最严重的懦夫心中仍存着英雄情结——而只须在足够紧急的情形之下才会得到这样的结果。那么，人类文明将更上一个层次。

许多人都对利益过分的贪婪，于是，他们总是以商业上冷冰冰的言语与规则来为其自私的心掩饰。

有不少人看不到别人身上的优点，这是因为他们专注于别人的缺点了。当我们尝试专注于别人的优点时，我们就能从中获益。别人身上的优点说不定就有值得我们学习与借鉴的地方。若我们对别人拥有大度、友善观点的话，我们的态度将大幅度推动文明的进步。

世界为那些无私与友善之人竖立了一座座丰碑，若这些丰碑不是用大理石或黄铜制造的话，他们就活在那些被他们所激励、鼓舞与帮助过的人心中。

每个怀着善行之心的人都能取得成功。即使他们在工作中失败，也要比那些毫无作为、只是凭着先辈遗留下的财产而浑浑噩噩地生活的人更有价值。**他们那种不屈的精神也要比无法对人友善、抱着同情态度的人强上百倍。**

第四十五章

拒绝的刺激

··

　　拿破仑在谈到大将军马塞纳的时候说："此人直到看到自己的士兵在战场上纷纷倒地之时，才会显示出其真正的才能。然后，他心中的壮志才会被激发，才会像一个魔鬼那样去战斗。"

　　一些人的本性永远都不会自动浮现，只有在他们遇到阻碍与失败之后，才会显示出真正的才华。他们的潜能深藏于他们心中，任何平常的刺激都无法激发其中的潜能。但当他们被人讥笑，被人看不起，或被人指责、侮辱之时，一股全新的力量从他们心中升起，他们就能做一些之前所不能做的事情。这需要一场巨大的危机，一场极为严重的紧急状况，才让许多人开始探究自身的巨大潜能。

　　恶劣的环境、绝望的困境、赤贫与艰难都曾让一些人成为历史上的巨人。拿破仑之前从未如此具有全方位的能力。他一开始也并非如此冷静，没有如此强大的心理把握能力，而当他被逼到绝境之时，这些才全部迸发出来。

一位成功的商人曾告诉我，在他漫长的事业中所获得的每个胜利，都是艰苦努力奋斗得到的结果。所以，他真的十分害怕那些不费吹灰之力就获得的成功。他感觉，当他不经奋斗就获得一些有价值的东西的时候，必然会出现一些问题。只有通过不断努力，战胜困难及别人的嘲笑，这些才能带给他以乐趣。

总之，困难对他而言就是一种刺激。他喜欢做有难度的事情，这能考验他的勇气。虽然他有克服困难的能力与才华，**但他不喜欢做容易与简单的事情。因为，这并没有给他带来兴奋，以及在一场胜利之后所感到的欢愉。**

我认识一个学生，他家境贫寒，凭借半工半读上完大学。而那些家境富有的学生则取笑他，他们总是嘲笑他穿着短短的衣袖、破旧的衣服以及时常处于寒碜的境地。他被这些嘲笑所深深地刺痛了。他对天发誓，不仅要让自己远离别人的嘲笑，而且要让自己成为世上有影响力的人。这位年轻人后来取得了令人瞩目的成就。他说，曾经遇到的嘲笑与耻笑刺激着他在这个世界上不断奋斗，并成为了自己继续前进的动力。

抱着坚定的信念去做一件有价值的事情，就能挖掘我们的潜能，将自身的后备力量显现出来。没有这种奋斗，许多人是难以发现真正的自我的。

若是林肯出生在宫殿之中，并且顺利地进入大学，他可能就不会成为总统了，也就不可能像现在这样在历史上流芳百世了。因为这样的话，他就不再需要默默地努力奋斗，不再需要不断地努力弥补自身的不足。正是这种与恶劣环境的殊死搏斗，让他内心的巨大潜能被激发出来了。

今天我们这个国家里的一些人将自身所取得的成就归结为挫折，并将视为永恒的推动力；正是挫折让他们原先在75%的基础上再继续将潜在的25%能量都挖掘出来。

在天然的状态下，人性都是懒惰的。我们做什么事情，都是怀着一个动机的。而动机的能量则始终衡量着努力的结果。强烈的动机、重大的责任都足以唤醒我们本性中潜在的巨大潜能，将所有的力量都展现出来。

历史上有很多例子，那些拥有神奇品质的人，通过不懈的努力取得了巨大的成就，让他们从一些生理的缺陷之中获得了弥补。那些认为自己相貌平平甚至丑陋的女孩子，为了证明自己做出了不懈的努力，去找寻应有的补偿，并且成功地做到了。但是若没有克服自身缺陷的决心，她们是不可能做到的。

克服我们身体的缺陷说明，能够真正发现自我，甚至将自身潜能最美好的一面展现出来的人是多么的罕有。即便如此，我们也并没有将自身巨大的宝藏中所蕴含的丰富的美感全部挖掘出来。我们死时，仍有许多未被自身挖掘的才华。

第四十六章

失败之后，该怎么办呢

许多人都是直到大难临头之时，才开始真正地发现自己的潜能。

许多人直到他们被一场难以控制的灾难弄得不知所措，或者当他们的前景显得暗淡无光之时，或者家庭破碎之时，总之，只有这些灾难成为他们人生的中心之时，他们才将人生的潜能全部挖掘出来。

对品格的真正考验就是在他失败之后，该怎样去面对。那么他接下来要做什么呢？首先，他的失败唤醒了心中的潜能，并给予了他新的启发。但我们都清楚，不是每个人都能做到像他这样。于是，我们不禁要问：这能让一个人发现新的能力吗？能将一个人的潜能带出来吗？那些失败能够带给一个人更强的决心，还是让其灰心丧气呢？

爱默生说："我知道，从来就没有比一颗坚强的心灵更加让人敬佩的徽章与象征了。"一个拥有坚忍、拥有目标的人，无论身边的同伴如何改变，或周围的人群与自身的运气怎样，这些改变都无法让他的内心失去半点希望。他只是不断地将挫折磨掉，最终抵达彼岸。

失败的可怕并不是因为跌倒，而是在于跌倒之后再也不想爬起来。

"无论怎样跌倒，总要站起来。"这是任何一个勇敢与高尚的人获得成功的秘诀所在。

有人问一个年轻人是如何学会溜冰的。"哦，我只是在每次跌倒之后继续爬起来。"他这样回答说。正是这种跌倒后爬起来的精神，让军队不断取得胜利。

也许，过往对你而言意味着失败。比如，在回首之时你可能感觉自己就是一个失败者，或最多你只是在平庸中不断耕耘而已，而新的一年可能在你的眼中是极为黯淡的。你可能没有你期望取得的特殊成就；可能失去了对你很重要的朋友与亲人；**你可能失去了你的工作；可能你的房子由于你不能偿还贷款而被别人夺走了**；抑或因为生病而没有能力去工作。但是，不管这些厄运显得多么恐怖，若你拒绝被征服，胜利总是在前方等着你。

这是对你为人气概的考验：在你失去了一切身外之物后，你到底还剩下什么呢？若你现在躺下，双手投降，认为自己很糟糕，那么你基本上也没有剩下什么了。但若你有一颗无畏的心与坚毅的脸孔去面对的话，你就能拒绝放弃失去对自身的那种想法；若你对后退给予鄙视，你会展现出不惧困难的人格魅力，这比你所遭受的厄运更为重要，也比任何失败都更为宏大。因为，你从不言败。

你可能说，你曾经不断地失败，再次尝试也是没有意义的，觉得自己是不可能取得成功的。或者你会说，即便再次站起来，似乎也没有什么希望了。这完全是胡言乱语，对于一个在心灵上没有被征服的人，是没有失败可言的。

无论看上去多么迟钝，无论你已经重复了多少次失败，成功仍是可能的。斯科奇在人生的最后岁月里，从一个守财奴变成了一个慷慨与真诚之人。他爱着自己的同胞，这并非只是迪莱斯脑海中臆想出来的。

在我们日常的生活的经验中、日常的报纸中，不论在自传里或是亲眼所见，我们可以一再看到，不少年轻的男女能够从过往的失败中走出来，从沮丧的渊薮中走出来，勇敢地面对人生的挫折，战而胜之。

数以千计的人曾在这个世上失去了一切，现在之所以能够远离失败，是因为他们难以被战胜的精神——坚强的心永不后退。

在真正的男子汉气概中，有些要比世俗的成功与失败更为重要。无论他们拥有什么潜能，无论失败还是失望，一个真正的人都能战而胜之，永远不会失去自身的平衡感。而在暴风雨的考验中，软弱的天性则会屈服。真正的人那平静的灵魂、平稳的自信仍能给自己一个正确的评价，他能够完全掌控外在的环境，无法让其伤害自己。

"什么是失败？"温德尔·菲利普斯说，"失败只不过是通往更高境界的第一步而已。"许多人之所以最终取得成功，只是因为他们在失败之后继续努力。若他不再遇到失败，他就永远也不会遇到巨大的成功了。因为在失败之中，总有一些东西让有能力的人鼓起勇气继续前进。

对于一个有理想去实现自身潜能的人，没有失败可言。当他被打倒之时，也是浑然不觉的。对于一个不懈努力与拥有不可战胜的意志之人，也是没有失败可言的。对于那些每次跌倒之后仍旧站起来的人而言，还是没有失败可言。他们就像一个橡皮球，在别人都放弃之时，在别人都后退之时，仍能继续前进。

第四十七章

粗心大意的悲剧

谁能估量每年因为粗心大意而造成的生命损失呢？谁能计算这世上有多少人因为粗心大意而受伤，以及蒙受的巨大的财产损失呢？而这一切都是由于一些人的冷漠与粗心所致。

可能只是几根建材的不牢固，整幢建筑物都因此而受损；或是桥梁掉到河里，宝贵的生命毁于一旦。**铁轨上一些小的误差抑或一些机械问题，很多人因此丧失了生命。**随手扔掉的火柴或烟头，让建筑物或整个城市处于火灾之中。

我们总是在追寻着巨大的声名，但正是那些我们不加留意的小事情，才造成了巨大的损害。**粗心的悲剧每天都在我们这个国家的员工身上上演着。**这源于冷漠，源于缺乏兴趣，源于没有思想或一颗四处

飘荡的心灵。

人类历史充斥着由于那些从未养成精确习惯的人。一些不小心的人在不经意间酿成了难以原谅的错误，造成了极为恐怖的悲剧。不知多少顾客或金钱只是因为员工一些粗心的书信，粗野的言辞或是粗心的投递而造成损失。**同样，因为粗心的错误所造成的损失，比如铁路员工、修理工或驾驶员的粗心，让很多人为之丧命。**

在地球上，我们到处可以看到马虎的工作所带来的后果：假肢、没有手臂的衣袖、无数堆积的坟墓、没有了父母的家庭，我们都可以听到因为某人的粗心大意，抑或冷漠与不精确的习惯所造成的悲剧。

粗心与马虎的工作，缺乏周全的思量，这些都是对自身的犯罪，违反了我们的天性，这通常要比那些因犯罪而遭社会放逐的人更为可怕。因为，一个极为微小的不足都可能让一个宝贵的生命丧失。总之，粗心大意是与故意犯罪一样严重的罪过。

芝加哥一家大型企业的经理说必须时刻在公司里忙东忙西，以弥补员工们不精确的工作所带来的恶果。一个商人说，不精确的工作让芝加哥市每天损失100万美元。当我们想起某人在此时此刻又在某地粗心大意地工作着，尽管这种情形看似并不陌生，就让我感到心痛。他们不知道正是这些小错误累积起来才造成了一大笔损失。**那些犯错的人会说他们所做的只不过是一些小事而已，根本没有必要大惊小怪。**这些粗心的职员无疑会对为什么他们得不到晋升感到奇怪。若是别人告诉他们这些微小的错误就是他们进步缓慢的原因，他们必定会大吃一惊。

思想周全则是诚实的孪生兄弟。当一个雇员做事认真，能够分毫不差去做的时候，在雇主眼中，这要比天赋的才华与杰出的才能更为重要。例如，一个年轻的速记员在做记录的时候十分精确，为人准时，书写详尽，具有良好的判断力与常识；他能够改正一些错误的句子或是更正因匆忙记录而产生的一些语法错误。这样的员工，是绝不会失业的。

有一些人的心灵似乎难以做到精确的行动。他们的心理层面显得千疮百孔。若我们去研究这些人的话，就会发现他们没有明确的观察与尖锐的思想。他们失去了心理的方向与体系。记住：粗心的思想者必然是行动上的马虎者。

"哦，那已经足够好了。不要在那件事情上投入太多的时间。我们没必要这样做。查理，我们又不会因此而获得奖赏。"这是一家家具商店的业主对一个新来的员工犯错的时候所说的。

当这个男孩一有时间就借来工具来修理家具时，他很快就因此而让自己的技术变得娴熟起来。于是，老板派他到家具店工作。那时，这个男孩身上让人觉得唯一的缺点就是他过于特殊了。因为这个男孩会说："在别人用一个钉子的时候一定要用两个，别人一个小时做完的工作要用两个小时。这种精致与周全的工作是会让我们获得回报的。"

但是，男孩并不满足于"足够好"或"不错"，他总是坚持所有事情都要有始有终。可以的话，他一定要尽全力去做到最好。然后才让家具从自己的手中卖出去，这就是他的特征所在。

这位年轻人以这样的严格要求来处理所有的事情，让他在几年内升至一个重要的位置。现在，他已经管理数百人了。

　　享有做事周全与认真的声誉，这对于一个即将闯荡社会的年轻人而言，无疑堪比一笔巨大的资本。银行更可能会给这样的人贷款，招聘企业也会相信他的。因为，他们不想将工作赋予那些具有同等能力但却做事马虎的人。

　　若每个人都能将良心注入工作之中，仔细地去做，这会减少人类生命的损失，减少人员的伤亡。那么，现实也不会像现在这样令人痛心了。相反，这会赋予我们更为高级的品格。

第四十八章

有规律有助能力的提升

很多小型企业之所以难以从平庸中升华，原因就是管理系统毫无规律可言。

你会发现一个高薪的员工只是去负责打开邮箱、整理信件并且去负责传递这样的工作，还有各种各样琐碎的事情。**其实，这样的工作并不需要一个高薪的员工去完成。**

我们还会发现，一个企业之所以无法发挥自身的优势，是因为他们在做着错误的事情，没有经济效益与管理条理。简而言之，这样的企业缺乏对一个系统全盘考虑的能力。

很少有商人会对时间的节省与员工的能量进行系统的研究，而大多数员工并不知道如何将自己的才华向别人展示出来。当然，他们也没有机会通过有序的系统来不断增强自身的能力。

　　没有工作规律的商人只是在以不良的方法忍受着精力的巨大浪费。他们永远也不知道接下来自己手头上要做什么。他们只是复制着别人的命令。在采购的时候，不是过分购买就是购买不足。他们的消费总是不能与时俱进。他们在款式上是落后的，从来就不会清理与重新开始。所有的事情都处于混乱之中。

　　一个做事缺乏条理的人，想去做一项庞大的资金交易时，总是要呼喊别人的帮助。他们认为，若是自己身边有足够的人手，就可以去做很重要的事情。这些人所缺乏的并不是更多的帮助，而是设立更为有效的系统。**他们几乎在自己所做的任何事情上都显得犹豫不决，没有计划与条理性。他们不知浪费了多少心理与身体能量，这让他们在竞争中处于劣势。**

　　缺乏条理与指引的工作将让任何商业管理都变得低效。而仔细的规划、一个简单有效的系统，可以让一个能力平平的人完成重要的任务。一个商业机构曾提到"缺乏条理"是数以千计的企业所以失败的原因。

　　我脑海中仍记得一个极为繁忙的人，无论在一天的什么时候，你都能看到他总是处于不断的匆忙之中。他只能给你一秒钟的时间——若你想要谈久一点，他就会看看自己的手表，提醒你他的时间是十分宝贵的。他想要公平地竞争，但却付出了巨大的成本。

　　他对于节约劳动成本毫无概念可言，而是不断地努力去弥补缺乏条理所带来的紊乱。他的这种时时补漏的做事方法是很难让自己取得成功的。他的大脑没有一整套完整的系统，缺乏让事情变得井然有序起来的能力。

这种行为造成的结果就是，他身边总堆积着许多垃圾的文件要去清理。他的办公桌上就像一个垃圾桶，他总是十分繁忙，没有时间去将时间摊开。若他确实有时间，也不知道该如何去处置。我到他的办公室很多次了，他总是在一大堆杂乱无章的文件中找到某些东西。**如果遇到需要记录或者写什么东西时，他会在堆积着的信件与纸张中顺手拿来就用了。**

此人在工作中于己于员工都毫无条理性可言。他总是在忙碌中度过，驱使着每个人，**时刻告诉他们还有很多事情没有去做，催促他们去做更多的工作。**总之，所有的事情都处于一种混乱的状态，没有人知道接下来到底要做什么。若他们问他该如何去做，他总是回答说，继续手中的工作。这样让员工们感觉手中的时间是不够使用的。其实，问题的关键是，他也不知道该如何去下达明确与有效的命令。因为，他没有规划，从早晨起来就缺乏一天的计划。

我认识一位与他竞争的人，却似乎总是悠闲自在，显得很冷静，做事有条不紊，活得舒畅。无论眼前有多么繁重的商业活动，他都有时间去礼待你，不会去提醒你他现在是在赶时间。他办公室里所有的事情都显得井井有条，没有人显得焦急，但是工作都是在很有计划地进行着，到处都是很有条理的，人人都按照一个明确的目标去做事，没有必要去复制任何人的工作。

有序的人总能给别人以力量，以及有能力的印象、一种平衡与安静的感觉。无论什么时候见到他，他总是有所准备的，不会毫无头绪地工作。任何打扰都不能让他分心。工作中任何浪费与办公室的混乱都不会出现。每天晚上他都会清理桌子，没有任何重要的信件是留下待处理的，所有的命令都会得到即时的解决。尽管他做了数百次的工作，但你感觉他好像过得十分轻松，根本没有大战来临之时的感觉。所有的事情都像时钟一样有序地运行，只是因为他会使用自己的大脑。

那些最有方法的人拥有最多的时间，他们的工作能够按照计划来进行，他们的成功并不依赖一时的状态，他们已经学会了如何有条理地工作，让自己在一个计划下工作。

这是一个思想者与规划者的时代。成功之人必然是那些深思熟虑、做事有条理的思想者，并有足够的执行力去实行。

今天，那些头脑混乱与工作方法马虎的人是没有机会的。他们必须有一个有条理的计划，并努力地按此工作，而不是随意改变目标来抵消自身的努力。

第四十九章

永不准时的恶习

一位有学识的人曾这样说过，在人类所有的事务中，有两样东西是取得成功所必不可少的：这就是力量与敏捷。前者通常是后者的结果。

无论是男女，都要深知时间的重要性。如果我们懂得珍惜每一分钟的价值，我们的人生就将能够烙下力量的标签。

看看那些真正的成功人士，有哪个没有养成敏捷的习惯呢？一个总是错过火车、总是在约定时间过后出现的人，总是习惯性地无法履行支付账单或是在银行规定要缴纳的费用期之后缴费的人，无疑会让那些与他打交道的人对他产生怀疑的感觉。即便他可能是一个诚实之人，本意也是善良的。但是，由善意堆积的商业世界的整个结构都是依据敏捷这一重要原则的。而一个无法履行自己义务的人，别人是无法依赖他的，无论他的出发点有多好。简而言之，目标的诚实本身难以弥补这种做事迟钝的习惯。

一个在任何事情上准时的人，实际上获得了更多的时间。拿破仑就说过，他之所以打败奥地利军队，就是因为奥地利军队不知道5分钟的价值所在。"每丢失一分钟，就会带来多一个不幸的机会。"

在商业活动中，没有比准时更为重要的了，也没有比此时此刻一个重要的人如此不可或缺，或是任何能够节省别人的时间更让人满意了。拿破仑曾邀请元帅们与他共进晚餐，但他们却没有准时到来。拿破仑就独自开始吃了起来。在他将要站起身子的时候，元帅们才姗姗来迟。拿破仑说："先生们，晚餐已经结束了，我们将立即开始工作。"

许多年轻人无法获得提升或失去重要的职位，是因为自身行动迟缓。逝去的范德堡曾说过，一个人不守时，这是一个难以原谅的罪过。他曾与一个年轻人约定，帮助他获得一个职务，并告诉年轻人在某天上午10点钟到自己的办公室来。这样，他就可以与这个年轻人一起去会见铁路公司的主席。因为，那时候恰好可以利用宗教仪式之间的空闲时间。

年轻人到来了，但却晚来了20分钟。范德堡已不在他的办公室里，他已经去参加一个会议了。几天后，这位年轻人终于见到了他，反问他为什么没有遵守约定的时间见面。

"我已经在10点20分的时候到达你的办公室了呀！可你为什么失约了呢？"年轻人问道。

"但是，我们约定的时间是10点钟啊！"范德堡回答道。

"我知道，但是我觉得迟到15或20分钟又有什么关系呢？"年轻人说。

范德堡说："可按时履约是极为重要的呀！"

在这个例子中可想而知，年轻人未能准时到达，已经失去了那个位置。因为，这个任命在年轻人迟到的时候已经任命给别人了。

"我告诉你，年轻人，你没有任何权利去评价我的20分钟是没有价值的。我没有20分钟去等你的。在这期间，我还有两个重要的会议呢！"范德堡最后这样说道。

已经逝世的J.P.摩根曾告诉一个朋友，他认为自己每一个小时的价值为1000美元。**年轻人也总是愿意承认时间对于摩根先生这样重量级的人物而言确实具有重要价值。但是，他们却随意地浪费着宝贵的时间，他们并不认为自己的时间其实与摩根的时间一样具有价值。**

当一个人的明天总是要为原本今天偿还的债务作抵押的时候，他还怎能去奢望成功呢？准备充分的人，决断之人，一个总是蓄势待发去做下一件事情的人，他们总是为自己要做的事情准备着，并且迅速地完成。这样的人，才能取得成功。

做事敏捷的习惯让我们能够将自身的能力统一起来，并且增强我们自身的功能。**阿莫斯·劳伦斯说："人生的秘密就在于，我们要养成迅速行动的习惯，才能抢占最高点。而一些人的习惯则是让人在潮汐减弱之时仍迟迟不动。他们只能一无所获了。"**

迅速行事的习惯与其他良好的习惯一样，在很大程度上取决于环境与早年的训练。当母亲要孩子去做事情，那些总是说"等一下"的孩子注定总是习惯将作业推到最后一分钟才去做，总是在玩耍之后才完成功课。如果没人去敦促他们，他们就不会去做。这样的习惯是难以抓住人生中那些必须要做的事情，也难以将自己的优势发掘出来的。

内尔森爵士说："我将自己所取得的成功，都归功于凡事都早到15分钟。"

准时就是让我们富于礼貌，承担绅士的责任。这是商人的必修课。

第五十章

直截了当的能量

不久前，我在进入一家企业的时候，迎面就看到这些字眼：简洁一点！我们都有属于自己的生活，所以不要浪费彼此的时间。

这一个类似个人公告说明了一点：现代生活中、商业中运转速度的极端重要性。然而，在许多商业活动中，**有不少人表明的却似乎要阻止别人这样做。那个让人厌烦与长篇大论的时代已经结束了，过往那种说一些客套话语来掩盖真实意图的做法已经不再流行了。**

也许，过往的商业容许人们可以悠游自在、慵懒地坐在椅子上，天马行空地谈论着心中所想说的话语。但要是在今天这个时代肯定会扼杀他将要尝试的工作。过往那种软弱与低效的方式是行不通的，现代商业是讲求实效与速度的。若你不愿意这样做，别人就会这样做。

　　若是哪位商人对此大为恼火，他是难有作为，也无法获得生意的。比如，他总是说一些客套话，用长篇的介绍与没有意义的辞藻去作开场白。这样只会浪费时间，却没有说出关键性的东西。

　　有些人没有能力说些正确与中肯的话语，就像一只狗转了数次之后，仍旧躺在原先的那个地方。他们用毫无意义的解释介绍与恭维的话语，直到每个人都感到厌烦。

　　当年轻人向我征询在商业上取得成功的秘诀之时，我总是试着发现他们是否有一种直接的能力。比如，能否清晰地将一件事说到点子上，能否以肯定的方式。总之，我主要看他们是不是支支吾吾地用一些无聊的话语来搪塞。

　　一些说话拐弯抹角的人总是处于一种劣势。他们工作很努力，但却总是原地踏步。而一些能直捣黄龙的人，一些能直透事物本质的人，每句话都能说到心坎上与点子上，他们终能真正地成就大事。

　　我认识一位在生意上很成功的朋友。有次他打电话给我，他根本没有任何客套话，而是直奔主题，说出了他想要说的话。能与这些人做生意是一种荣幸，他们永远不会让你感到厌烦，不会让你感到疲惫。每次看到他，总要为他敏捷的心灵、果敢的决定与高效所敬佩。

　　这种执行力并不是很难培养。若你早年就开始这样做，并且知道其中的缺点，时刻让自己集中思想，将自己想说的话用简洁与清晰的语言表达出来，你也一样能踏上成功的旅程。

　　通信最容易彰显出人们缺乏口才。这通常从一封没有商业规格的信函中的第一句话就可以知道。我曾与这些人在一些最重要的问题上联系几次，每封信函都要去问相同的问题，催促对方直接给予回答。

但他们每次都是那么的含糊，虽然他们可能并非有意的，但这无疑是让人感到恼火与沮丧的。

许多年轻人常因一封字迹潦草与马虎的信件而不被招聘，而许多人则将他们的成功归功于应聘简历的简明。我看见过一个商人迅速地浏览许多应聘信件，她只是挑出一封信。因为此人的字迹清晰而整洁、言辞简洁。这个经验老到的商人根据这封信就判断出作者是一位具有潜在执行力的年轻人，虽然他们从未见过面。再看看那些长篇的信件中，上面写满了自我夸耀的东西，反而难以激起她的注意力。

商业信函应该是简缩的，用几个精简的句子浓缩在一起就可以了，同时还需要注意逻辑性与重点突出，这样就会显得既全面又有重点。这在几行的句子中所说的话语要比两页纸张更为重要。所谓一叶知秋，从一封信函就可以看到此人的品格如何。记住：这些都是一封商业信函所应具备的特点。

在练习写商业信函的时候，想象自己每写下的词语都价值25美分，要尽自己最大的努力用最少的词语去表达自己的想法，尽可能地用精简的言语去写信件与文章，不断地检查、修改其中冗杂的词语，不断地重组一些词语的顺序。

通过不断学习简短的表达，我们将克服任凭一些没有条理、没有逻辑的思想却写上几页的坏习惯。这种锻炼将极大地提升一个人的思想能量，并将其能简明地运用到谈话之中。

我们应该努力去用几个词语来表达最重要的思想。这可以从一些最简单的事情开始。"我看到一个我可以追求的极为重要的东西，这就是简明的思想。我决定去追寻它。"杰克如是说。

第五十一章

你的能量用在哪儿了呢

煤矿的能量99%都是源于太阳，最后消耗在电灯之上。因此，我们从1吨煤中消耗的能量发出1%的光亮，**而其他99%的能量都以热量的形式散失耗掉以及耗费在内燃机与电器的电阻之中了，这些都没有转化为光能**。因此，如何解决如此巨大的能量浪费，是目前科学家们所面临的一个重大问题。

一个年轻人在初入社会之时，大脑、神经与肌肉都储存着充沛的能量与活力。他感到自己几乎有无限的活力从心中涌出来，力量的迸发似乎没有任何阻滞。**他认为自己能凭借一身的能量去闯一番大事业，他会将所有的能量都变成光亮，以换取自己取得的成就。**

在年少轻狂的岁月与力量饱满之时，他似乎认为自己的能量是没有极限的，总是将能量在一些肆意的挥霍中浪费掉了。他总是在抽烟与酒精中消耗着身体的能量。他时常大吃大喝，熬夜消耗自己的能量。这种不良的习惯让人变得懒惰毫无规律与马虎地工作，直到某天他极为震惊地自问："我想要用自身的能力去创造的灯火到哪儿去了？"

我惊讶地发现，他曾经拥有的那些巨大的能量，原本可以产生足够的光照亮他的前路，可结果却没有留给这个世界什么东西。他曾经自吹自擂，并且自信只要显露一点光芒就会让世人感到炫目，可结果却在黑暗中栽了跟斗，而原本应该取得成就的能量却在路上消散了。

年轻人一个晚上的消沉，花掉了父亲的1000美元，这应该被视为一件极为严重的事情。正如这实际上是在做很多坏事一样，两者之间有着相通之处。因为，这不仅意味着他活力的损耗，更意味着他在浪费人生的力量，而这些被浪费的能量本应用于自身去取得成就的。不仅如此，如此疯狂的行为所造成的道德败坏是金钱本身所不能比拟的。想一想，1000美元与宝贵的人生力量相比，孰重孰轻？

失去的金钱还可以重新挣来，但是在消沉中丧失的活力却永远也无法收拾回来了。然而，**比失去活力更为糟糕的是，这不仅毁坏了我们所剩下的能量，也摧毁我们辛辛苦苦树立起来的品格，更损害了我们生活中最美好的东西。**

只须回首一天，看看自己的能量都到哪儿去了，看看这些能量从你的哪些琐事中溜走了。看看吧！也许，你在埋怨，挑剔以及一些毫无意义的打闹中浪费了精力。其实，这只是你的精神烦恼让你显得恼怒，显得筋疲力尽；这只是让你无法全身心地享受家庭欢乐的气氛罢了。可是，这不正是在消耗着你宝贵的能量吗？难道你不曾惋惜与后悔？

你在愤怒的时候可能要比你认真工作的时候消耗更多的精力。也许你没有意识到，愤怒就像一只疯狗闯进一家瓷器厂，到处捣乱。你打开心灵与身体能量的阀门，直到你在夜晚所储藏的能量都溜光为止。

蓦然回首，看看是否你对别人的责备、找错、批评与对员工的唠叨不停，这样的做法到底在某种程度上帮你取得过什么呢？**不！你只是在浪费自己的能量与自我控制的能力、你的自尊以及员工们对你的尊敬与敬意罢了**。但，这还不够吗？

大多数的能量都是在无序的工作中被浪费的。我们中很多人在无谓的忧虑与焦急中感到精力的浪费。**我们在事情真正开始之前心理已经演算了数百次了，以至于当我们真正去做的时候已经没有了能量。我们就像点火的引擎，在着火的时候能量随着蒸汽冒走了，最后没有能量去让水烧成蒸汽了。**

我们要远离所有榨干自身活力的活动。**若你走上了不幸的一步，可能的话，就重新回头，尽自己最大的努力去挽救。当你做到了自己，那也就无所谓了。**不要让自己拖着鬼魅的残骸，如影随形。不要那些失去生命力的东西，应该将这些东西掩埋掉，不要让忧虑与虚荣让人生感到有所遗憾。

任何可能降低你身体活力的东西，都不要去做或去接触。你要经常问自己："我所要做的这样事情会增加我的人生活力吗？这将增加我的能量吗？这是否让自己处于一种最佳的状态之中呢？是否让我更有效地为人类服务呢？"

　　若你能在世上留下自己的印记，尽自己的努力去推动人类文明的进步，你必须摒弃一切让你浪费能量与扼杀成功的习惯。

第五十二章

真正重要的储备能量

对于那些身体没有储备能量的人而言，每次失败都是一次致命的滑铁卢。

有多少男女在生活中之所以失败得一塌糊涂，就是因为他们并没有储存足够的身体能量、知识、教育与自律。也正是因为他们没有这些"储存的能量"，以致无法满足特殊情况的需求，去应对一些重要的危机。

现实中之所以有那么多人的生活显得卑鄙与吝啬、毫无生气，也是因为他们并没有足够的后备力量。他们没有在教育、文学与思想领域投入更多的精力。所以，他们的收获是微小的，因为他们播种很少，而且还是以劣质的种子去播种。

每个人都应该明白，生活中的成功会青睐那些有后备力量的人。接下来就是一个你如何长时间储备能量，并能够发挥出来的问题了。**当危机出现之时，你的成功取决于你如何去应对，而这些是你应该去做的。像韦伯斯特对海恩的著名回应——这个国家历史上最伟大的演讲，就是在危机情况下运用巨大潜能的典型例子。**当时，这场争论持续了数天，海恩作了一篇他自以为无法驳斥的演讲。

韦伯斯特认为海恩这篇"无法驳斥"的演讲必须在第二天早上加以反驳。他没有时间去查找过往的资料或咨询一下权威，去读一下历史书或重新充实自己的记忆。他独自一人站在那里，手上没有一本书，在没有外人的任何帮助之下，在我们国家的历史转折点上，历史的关键都取决于他个人的储备能量，在于他宝贵人生所储存的知识。总之，他的那篇著名的反驳演说明显是在议会休息期间精心准备的。

但韦伯斯特称，他的很多材料都源于对另一个话题的仔细记录。这些材料都很有条理地放在他的工作桌上的一角。

在人生的每个阶段上，身体、心理与道德的储备都具有不可估量的价值。那些期望做任何重要事情的年轻人，必要要为任何可能出现的紧急情形做好准备，他们必须有足够的后备力量去迎接最好机会的到来。

在世界历史上，没有比毛奇的例子更为生动的了。他的政治远见与难以估量的潜在才华，都在法国与普鲁士的战争中、在推翻拿破仑三世的过程中展露无遗。这对于每个美国青年而言，都是一个极为生动的例子。

在双方爆发冲突13年前，毛奇已经计划着战争爆发后的每个细节，每个位置上的军事指挥员后备军的人员组成，都被他清清楚楚地写下来了，并编成章节。这让他知道战争的每一步应该如何进行。

每个普鲁士王国的指挥员都有一封密封的信件，信封里面装着关于指挥的前进方向与调兵遣将的机密文件与特别指引，这只是在接受调动军队之时才能使用的。而军队人员的储备也在有条不紊地进行着。一旦战争爆发，也能确保铁路畅通无阻。

毛奇的计划在这13年间不时地按照时势而改变，根据局势而不断调整。因此，他的计划总能不断地适应战争的发展。甚至有人说，最终在1870年执行的计划是在1868年就已经策划好了。而有些计划更是在1857年就已经出现了轮廓。德意志的军队在这位天才的军事指挥家的带领下，势如破竹。

而法军在战略部署与毛奇呕心沥血的长远思虑的部署计划形成多么鲜明的对比啊！毛奇在每个细节上都不放过，而法军则一切都听天由命。当时，法军军官从前线发回电报到总部，称他们没有物资补给、没有帐篷等物质，他们无法集合所有的军队。所有的事情都如此混乱，简直完全没有安排可言。**无论到哪里，敌人似乎都已经先计划一步、先走了一步，多想了一步。结果是法国遭受了历史上最大的耻辱。**

我们可以看到一些人难以计数的损失。因为，他们认为让自己为一份事业去准备是不怎么值得的。他们认为，只要获得一点教育，就可以让他们不断前进了，就足以去应付现实的需要了；他们认为，让自己继续钻研知识、打下更宽阔的基础是没有价值的。一句话，**他们无法以一种宏观的眼光去看待人生。**

　　若一个年轻人希冀丰盛与金黄的丰收，他们就要准备好土壤，他们必须在播种期间播好种子。

　　你无法从自己的人生中收获你没有为之付出的。同理，你不能在一个你没有存款的银行提款。

第五十三章

你是一个"杂才"吗

这个世界上，任何人都不可能与世隔绝，每个人都是人类这一巨大蔓藤的一部分，人类心灵中的生命之浆不断地为其提供营养。当他从父母这条藤蔓中脱离出来之后，他就会枯萎与萎缩。无论他如何努力地以分离的个体继续存在，他都无疑是一个失败的人，人生也会显得那么矫揉造作。

葡萄光滑与美丽的形状与香甜的味道，都源于根茎藤簇所提供的营养。树枝无法在脱离根茎的情况下独立茁壮生长。因为，一旦它被分离出来就会枯萎与死亡。同样的道理，**在强大的父母提供的能量支持下，人的力量才会逐渐显露出来。**

一个人的强大源于其数量、质量、他从别人身上所汲取的各种力量，以及在社交、心理与道德以及同类人的交往程度。当他与别人的交往切断之后，他就会变得弱小起来。他的力量与他的接触面是成正比的。

人类无论在身体、心理上都具有广泛的兴趣。为此，他们需要各种心灵营养补充能量。而他们可以通过与很多人的交往来获得这种营养。

与一位具有强大个性之人在一起，这似乎能够让人们敞开梦想与挖掘潜在的能量。他们会感觉自己的能力被提升了，知觉更加锐利，各种能力都得到了全方位的升华。简言之，他们可以提升自己，也能做一些自己之前不敢去做的事情。

演说者所具有的巨大能量，进而可以反馈给听众。其实，这种能量首先是从听众中汲取的，但他无法从单个个体中汲取。正如化学家无法从实验室中各个分离的化学试剂中获得最全面的能量，只有在各种试剂的互相接触与反应之后，才能让新的化合物产生新的能量一样。

一个与人群打交道的人，总是处于一个发现的过程，在自己身上总能发现存在着很多新的力量。若是不与人交往的话，就很难将隐藏的能量释放出来。

我们遇到的每个人都有自身的秘密，若他能从中汲取一些自己之前从不知道的东西，一些有助于自身继续前进的动力，一些能够丰富自己一生的东西。**那么，就没有人会认为自己是孤独的，而别人也是他自身的发现者。**

我们很少会意识到，自身很大的部分成就是由于别人与我们共同工作所获得的。他们让我们的机能更为锐利，让我们充满了希望与鼓励，让我们更容易地闯荡人生，在心理层面上不断支持与鼓励着我们。

我们成长的营养在很大程度上都是源于心灵所吸收的养分。失去敏锐的感觉则无法让我们去衡量与估计。**因为我们通过眼睛与耳朵去吸收力量，而并非通过视觉或听觉神经。**

大师画作的伟大之处不在于画布上细微的色泽、阴影这些细小的东西，而在于整幅画在宏观上所表现出的艺术家的情感。**换句话说，这种巨大的力量是在他的人格之中散发出来的，这是由他所继承的经验所得的。**

大学教育的很大一部分在于让学生参加社交活动，在于通过社交来不断强化自己的品格锻炼。比如，他们彼此的鼓励能在心灵的相互砥砺中产生力量，在大脑思想的火花上不断碰撞之后让他们燃起了雄心，照亮了理想，打开了新的希望与无限的可能性。于是，他们的能力得到了全面的提升。记住：书本上的知识是有价值的，但是心灵之间的交谈则是无价的。

你拥有多少知识或你的成就多大，这些都不是很重要。若你不能培养自己真正的怜悯之心，对别人缺乏真正的兴趣，不能与这个社会有紧密的接触，无法与别人共同进退的话，那么，你自己将会日渐萎缩。

试着与比自己优秀的人走在一起，而不是与那些有钱人走在一起吧！ 要与那些在修养与自我提升上有更大帮助的人在一起。因为，这样的人接受了更好的教育与更好的信息。这样，你就可以尽可能地汲取有助于自己的东西，有助于提升自身的理想，鼓舞着你去做更为高尚的事情，让你更加努力去有所作为。

在人与人的大脑中有一种强大的传递力量在心灵之间回荡。虽然我们还不知道如何去衡量这种力量，但这却是一种具有强大刺激、能够建立或摧毁人的力量。**若你习惯与那些比你差的人走在一起，他们就会拖你的后腿，降低你的理想与野心。**

失去那些与人交往的机会注定是一个错误。因为，我们不能得到一些富有价值的东西。记住：**正是通过与人交往，我们的棱角面才逐渐被磨平，我们才变得更加光滑与更具吸引力。**

抓住那些能够将我们最好的一面展现出来的机会吧！对我们而言，这是比金钱更为重要的，这增强了我们培养高尚品格的能力。

第五十四章

活力的"杀手"

成功之人必须要学会善待自己。换句话说，在他努力将自身潜能发挥到极致的时候，必须记住自己的成功在很大程度上取决于自己对成功的机器，也就是他自己的保养之上。

很多所谓的成功者都是他们自身的最大敌人。他们从不会虐待马匹或任何低等动物，但却对自己这样做。

他们时常空着肚子就出去工作，饮食缺乏规律，总是被失眠困扰，缺乏必要的娱乐。事实上，他们破坏了自身本性的每一条法则。**但他们却奇怪为什么自己早生华发了，整个人变得消化不良，体质急剧下降，而且这些状况在人到中年之前就出现了。**他们不明白，为什么自己在这个世界上的理想与贪念不应该成为他们衡量自身的标准。

他们强迫自己的大脑去工作。即便是储备在大脑的能量在24小时之前已经消耗完，他们还继续这样做。

任何熟练的机械师都不会考虑去使用生锈的工具。想想一个要经营一流理发店的理发师去用生锈的剃刀给顾客理发，或者一流的工匠用钝的木锥、锯子或其他工具去完成工作。这真是无法设想的。

许多人平庸的成就让自身强大的天赋能力浪费了，让自己贻笑大方。这只是因为他自己的无知，无法提供充足的力量去驱动而荒废了自身成功的机器所致。

数以千计的人在死去的时候，由于理想的破碎而无法实现自身潜能中的10%。这只是因为他们没有适当地去保养自己而已。

他们想要成为富人或名人这些疯狂的欲望破坏了自身的无限可能性。他们总是想着要超越所有竞争对手；他们的人生变得枯燥与无趣；他们的神经早已崩溃，而原本此时应该是他们身心最旺盛的时候。

若我们能够研究一下身体真正的所需，正如我们研究花园中的植物所需要的养分那样，用水去浇灌，让清新的空气进入，让阳光进入，植物就会茁壮成长。同理，如果我们保养好自己的话，就不会感到胃痛、消化不良、头痛或为其他方面的病痛而感到痛苦。

若我们在饮食上保持一定的常识，过着一种平淡、理性与简单的生活，就不需要服药。但许多人的行事方式却是与我们的本性对着干的，违反我们做人的标准，损害我们自身的可能性。

许多人原本很有能力，却因缺乏必要的营养，比如因为节食而失去了身体原本需要的营养而导致碌碌无为。他们在中午时分匆忙地吞咽一块三明治与一杯牛奶，只是为了节省时间与金钱。其实，他们可以为了自身着想去一家好一点的酒店或饭店，或抽出足够的时间去吃一顿有营养的午餐，去享受食物所带来的快乐，让肠胃系统有时间去消化，之后也可以有条不紊地去工作呀！

在营养方面我们是不需要节省的，相对而言应该奢侈一点。一位追求成功的人的最大节约就是为自己积存更多的成功能量、活力与心理能量，让身体处于一种最佳状态，让自己更有力量去实现潜能，让自己不会因为缺乏食物而阻滞自身才华的施展。否则的话，就是杀鸡取卵。

许多人让自己的能量毫无意义地消耗，不断缩小自己的可能性，让自己失去了舒适，让人生无法变得和谐与有益。

没有比自己身体与心理的能量更为宝贵的了，无论如何都要努力去保持。换言之，这是我们所能做的，这让我们在这个世界上前进得更快。

你有没有想过，一个失去理智的人，拥有人生宝贵力量的储备，却到处布满了洞孔，让能量四处逸散。但这正是数以千计的人此时此刻正在做的。**我们一开始的时候，就像一个大池塘，或一个充满生气的湖，但却因为漏洞与无知让大部分的水都渐渐地消失了。**

我们总是到处浪费人生的力量与能量，让我们失去了成功的可能性，而这些能量的储备原本足以让我们取得成功，但我们竟然还怀疑为什么自己不能取得成功。

缺乏睡眠，缺乏在清新的空气中锻炼，缺乏有营养的食物与朋友间有益的谈话，或者过度地工作，带着疲惫的精神去工作。所有这些都是让能量耗干的漏洞，让我们失去了人生的力量，无法取得成功。

我们许多宝贵的精力都在忧虑、烦恼、埋怨与无事找茬之中，抑或在毫无意义的摩擦与恼怒中被消耗掉了。这些东西只会让你感到无聊，摧毁自己的能力，让你筋疲力尽。

只须回顾一下昨天，就可以看出自己的精力都到哪里去了，看出有多少能量在琐碎与不良的习惯中被浪费了。比如，你可能在一时的怒发冲冠或一时的激情之中，比你整天在正常工作中消耗更多的能量。

若你想发挥最大的潜能，就要让自己远离所有榨干活力的根源，摆脱所有阻碍你前进的东西，远离所有浪费你精力的事物，减少自己工作资本的流失。

无论如何我们都要获得自由。不要让一些坏习惯伴随着自己，这只会让我们失去活力，让我们失去人生的力量。

不要去做或接触任何降低自身活力与减少前进概率的事情。要时刻扪心自问："我还能做什么来增加人生的力量，增强自身的能量，让我真正处于最佳状态，去实现最佳的自己呢？"

第五十五章

恐惧的恶魔

恐惧在不同的阶段展现出不同的面貌，诸如担忧、焦虑、愤怒与羞怯，这些都是恐惧的表现，都是人类最大的敌人，让人们失去幸福感与做事的劲头，让许多人成为懦夫，让更多的人成为失败者、平庸者，而无法成为其原本想要成为的人。

恐惧对人有某种让人瘫痪与遮挡阳光的能力。这种感觉通过影响消化系统让人无法获得足够的营养，从而降低身心的活力，让我们血液不畅，摧毁我们的健康，进而扼杀希望，让人成为懦夫，心灵变得脆弱起来，无法去思考与创造。

许多人几乎害怕所有事情。他们担心洪灾，害怕着凉与感冒，生怕自己喜欢吃的东西，想在商业上投资却又怕失去金钱，害怕公众对自己的看法。他们为人恐惧与拘泥，他们害怕艰难的挫折，害怕贫穷与失败，害怕庄稼可能颗粒无收，害怕闪电与鱼雷。他们一辈子都会感到恐惧、恐惧、恐惧。

恐惧扼杀了人们特有的原创力、勇气，摧毁人的个性，弱化人们所有的心理活动。伟大的事情从来都不是在一种对即将到来的恐惧感的压迫之下创造的。当一个人饱受一种恐惧感困扰抑或在缺乏预见能力之时，一切都完了。

恐惧总是意味着软弱，是一种懦弱的表现。恐怖的恶魔在历史上制造了许多腥风血雨，牺牲我们的幸福与欲望。恐惧最糟糕的一种形式，就是并无根据地设想某种邪恶的到来，这就像火山爆发后，一团浓黑的烟悬挂在那里一样。

一些人总是遭受着这种阶段的恐惧。他们以为这些巨大的不幸将要降临到自己身上，害怕自己会失去金钱或位置，或害怕意外的发生，抑或一些致命的疾病正在体内蔓延。若孩子不在身边，他们就害怕自己的孩子会有各种不测，诸如铁路事故或海难之类。总之，他们总是在脑海中勾勒出一幅最坏的景象。

我认识一个人，他的身体历来多病痛，这让他成了一个懦夫。他整天活在病痛之中，他让自己总是臆测一些不可能的疾病缠身，让自己的心灵饱受煎熬。若他发现自己感冒了，就会觉得自己可能正在遭受某种巨大疾病的袭击；若他喉咙痛，就会认为是扁桃体炎发作，这让他害怕得不敢吃东西了；若他吃了一顿可口的晚餐之后，感到一点点心悸，就想可能是因为心脏的轻微挤压所造成的，**不仅如此，他甚至想象自己可能要成为心脏病最严重的受害者了。**

有很多人活在相似的恐惧与错误的认知之中,这种恐惧的习惯减短人生的寿命。因为它破坏所有的生理过程。具体来说,这种显现的能量表明了恐惧的心理已经改变了身体分泌物的化学成分了。恐惧的受害者不仅未老先衰,而且他们过早地逝去。天啊!恐惧不知让多少人过早地钻进坟墓!它让许多人因为心灵的不平衡而去犯罪,在人类历史上造成了罄竹难书的悲剧。

恐惧是没有一样可以拥有正面意义或任何积极结果的。因为无论到哪里恐惧总是带来一种臆想的诅咒。一个内心总是充满恐惧的人并非一个完整意义上的人。他只是一个傀儡、一个侏儒、一个人类存在的耻辱。亲爱的朋友们,请不要恐惧那些永远都不会发生的事情,正如你会放弃任何让你遭受痛苦的坏习惯一样。

不要等到恐惧的思想在你的心灵与想象之中扎根,要迅速应用解药,那么这些恐惧就会遁逃无形。世上没有任何恐惧是深入到心灵之中的,**如若这样这是无法完全消除的。你必须通过相反的思想来根除,那么,这种与恐惧对立的思想就可以将恐惧杀死。**

我们可以通过大自然的解药去摒除这种恐惧的思想。用勇敢的思想、确信、自信与充满信念的思想来替代。

当这种对不祥之事的预感、担忧开始对你发挥作用之时,不仅不要沉湎其中,或者让它们变得更加强大与黑暗,而是要改变自己的思想,要从相反的方向来思想。

若恐惧是属于个人的失败,就会让你觉得自己的渺小与弱小,让你无法去应对伟大的任务,然后你会失败无疑。此时,我们就要想想自己是多么地强大与具有竞争力,你能够勇敢而成功地完成任务,并且想要做得更好。

　　总之，正是这种态度，无论是有意为之，或是因为其他因素，都会让我们进入更高的境界。

第五十六章

一再延迟的习惯

神话中的智慧女神米纳瓦，从朱庇特的大脑中获得完整与充盈的力量，获得了最高层次的观念、最为有效的思想与最具创意与发明的注意，还有最为宏大的视野。

倘若我们能将一些心智最为锐利的时刻凝固，那我们人生之中应该能做许多辉煌的事情，我们会让自己成为一个更加美好的人。**但是，我们却让自己的雄心冷酷起来，视线变得模糊起来，直到我们不再有能力去实行。因为时机已经一去不复返了。**

我们之所以变得那么圆满与成熟，在于自身的能量，这全然是源于大脑。那些时刻延迟自己幻想、不敢去执行自身想法的人，总是在压抑自己的想法、总想着在一个更为方便的时候去做的人，他们让自

216

己变成弱者。反之，那些精力旺盛、充满力量与效率的人，则在激情的激励之下付诸实践。

我们的理想、愿景、决心，每天都是那么地新鲜。因为每一天都是神性的计划在我们体内运作，并非为明天预留的。记住：**明天自有属于明天的理想，今天就该做好今天的事情。**

那种凡事推迟的习惯扼杀了人们心中最为强大的主动性。过分的小心谨慎与缺乏自信，是发挥主观能动性的致命敌人。当目标驱使我们之时，当热情相伴之时，千万不要时刻想着要迟缓。如果我们知道这其中的奥妙，我们就更容易做好事情。记住：**在这个过程中，前者是乐趣，后者则是负累。**

将事情一直拖到明天所耗费的能量本来可以将属于今天的事情全部完成的。而要将本该做的事情延后去做，这是让人难以忍受与感到不悦的。而原本做起来比较欢愉的事情，在延迟数日或数周之后，就变成了一种负累。

信件在收信的时候回复是最为简便的。许多大公司都立下了这样的规矩：不能将寄来的信件拖到第二天才回复。

人们时常看不到的是，人生命运的走向是一条多么诡异的线！通常这只是一时所带来的美好的状态，而一旦失去了，接下来将是数日或数年的损失。

让一种强大与旺盛的观念进入作家的大脑，他几乎面临着某种无法抵挡的冲动去握住自己手中的笔，并且将心灵这些美丽的画面与让人心动的观点写在纸上。但此时却并非让自己觉得舒适，而让自己觉得不能再继续等待下去了。**可是他延迟了写作，于是这种画面与观念**

仍旧在萦绕着他的脑际。可他仍然延迟不做。最终，这种画面变得越发暗淡，逐渐消退，永远地消失了。

一个强烈的灵感以电光石火的速度闪过艺术家的大脑。但在这种印象消退之前，让他拿起画笔去将这些影像凝固成一幅永恒的画面，却是极为不便的。他**总是在脑海中不断思量，这需要他付出整个身心的力量**。但他此时可能并不身在画室之中，或者他无法将这种宏大的视野还原在画布之上，于是这一切都得不到显示，于是这种美好的影像随着时间的推移逐渐地消失了。对此，塞万提斯说过："在走马观花的街道上，人们最终无处可栖。"

为什么我们会拥有这么强烈、旺盛的冲动呢？这些无限的神性的愿景，为什么会以如此的速度与旺盛的精力，如此清晰而又突然地闯入我们的心灵呢？这是因为灵感需要我们在其形象新鲜、思想炽热之时就加以执行，就立即去使用。

"延迟有着危险的后果。"恺撒因为没有阅读信件让他在议会上丧命。劳尔上校，这位在黑西战场的指挥官在特林顿的时候，当信使带来一封信称华盛顿正在穿越特拉华，而当时的他正在玩牌，他就顺手将信件放入口袋而没有理会，直到游戏结束。当他集合手下的部队，在成为俘虏之前，已经被击毙了。总之，**正是几分钟的延迟，让他失去了荣耀、自由与生命**！

不知道多少人让自己感到心灵的扭曲，并用各种愚蠢的延迟习惯，不去看一趟眼科医生或牙科医生损害了自己的健康。没有比游手好闲更能对我们的能量造成致命的损害，更加瘫痪我们的执行能力的了。世上没有比这种延迟的习惯更让人产生幻觉的了。我认识许多人都是由于拖拉、懒惰或磨磨蹭蹭的习惯而让人感到悲伤。

远离这种延迟的习惯，正如你要远离犯罪的倾向！一旦当你感受到这种诱惑之时，跳起来用自己所有的能力拒绝它。即便在最艰难的环境下，也要去做自己的事情，绝不要从一开始去做一些最为容易的事情，要去集中力量攻击最为艰难的，直到你克服了这个习惯。我们要像对待一个危险的敌人那样去应对恐惧拖拉这种习惯。它让我们失去品格、失去机会，剥夺我们的自由，让我们成为奴隶。

要立即开始你眼前的任务。因为每个时刻的延迟都让你觉得越来越困难。

"现在就开始吧，你还等什么呢？"这是每一个成功人士的座右铭。正是这个信念让许多年轻人免于陷入不必要的灾难。

第五十七章

如何弥补自身的缺陷

我们只是刚刚开始认识到自己大脑的潜能，发现了大脑变化与性格构建上的一些秘密。这样的认识有时候会改变我们的教育方法。

我们的思想支撑着我们的身体。身体是否协调，是否处于和谐状态，是否处于疾病或健康状态，这些都是与我们习惯性的思想以及自身的想法息息相关的。

有些人认识到这个事实，通过坚持正确的思维方法来获得改进。于是，他们在一年内能够改变自身的气质，而其他人几乎难以认清原先的那个他。他们改变了过往那张布满疑惑的脸，不再被恐惧与烦恼所困扰，不再被忧虑与陋习所阻滞，而是洋溢着希望、乐观的笑脸。

许多人都会有那种突然的心灵震撼，在不经意间进入我们的心

灵，让心灵的阴霾消散，让欢乐与幸福的阳光照进心灵，改变了对整个人生的看法。这是一种极为让人震撼的经验。

当我们感到沮丧之时，世间万物都显得很黑暗。但是我们不沮丧，充满自信与阳光，那么，说不定一些美好的运气也许突然降临到我们身上呢！或者一些很久没有见面的快乐与友善的朋友来拜访我们，或者我们到乡村去走一趟之后，心灵所遭受的伤害都被一种全新的人生感悟所治愈。这些有什么不可能呢？

也许，有时在旅行之时，我们看到一些美丽的景色或一些我们看过的美好艺术品，这些都是我们所梦寐以求的。这种强烈的希望与兴趣——这种美感所带来的神奇，显得如此美好与宏大，以至于这完全消除了忧虑或恐惧的思想。而在此之前，这些思想仍在摧毁着我们的幸福。

许多人都意识到，他们在许多方面上都有足够的能力，但他们却缺乏这种意识。正是因为缺乏这种意识成为他们的绊脚石，因为这摧毁了他们优秀的自我信念。而这却是成就所有伟大都必不可少的。

这些不足或软弱通常都是由于大脑部分功能缺乏锻炼造成的。我们完全可能凭借一些实用的方法来逐渐改变并强化这种软弱的品质与功能，让它们恢复正常。因为大脑会因其活动、其驱使的动机让我们不断地得到改变。

那些在大城市里努力工作与那些在农场里安静生活的人在思想观念上是大相径庭的。举个例子来说，许多久居城市的人都会想去乡村兜兜风，让大脑更趋向于多元的发展。城市人思考的速度会更快一点，他们的行为会更为迅速，他们的观念会更为锐利。因为复杂与紧张的生活需要这样。

　　若你能力不足，若你有什么不足之处，或者你想成为自己想要成为的那个人。那么，请集中你的精力于自己所希望得到的方面吧！大脑的思维细胞将通过控制思想来得到增强，正如疑问与缺失自信会让人变得软弱起来。

　　若你为人犹豫不决，若你缺乏决断，只须让自己获取某种决断的心灵态度，迅速肯定自己，能够去做出明智、坚定与最终的决定。记住：**绝对不要允许"自己觉得自己不行"这种想法存在。**

　　我们不仅可以加强自身心理的弱项，也完全可以通过别人的建议来获得力量。**事实上，所有的心理机能的倾向性都要不断提升与扩充，能做到这些是极为了不起的。**

　　许多人由于无知与迷信，他们被忧虑、恐惧与麻烦所困扰。他们的大脑无法表达出自身十分之一的创造力；**他们永远也不知道完全自由的意志意味着什么；他们的心灵被恐惧、仇恨与难以驯服的激情所控制，这让他们的有效思想变得不太可能。**

　　但若是我们懂得习惯形成的法则，要治愈这些东西其实也并不是十分困难的。因为，整件事情其实只不过是与原先让人受伤的思维习惯背道而驰罢了。比如，有很多枯萎的天才，因为改变了职业与环境，或者当别人对他们原先的特殊才能有所了解之时，他们就可迅速地恢复活力。

　　有时，一些相当强大的功能仍然在实际意义上毫无进展。这是因为我们目前的职业与心理活动都并没有将这些能力唤醒，它们仍旧处于沉睡之中。

有很多人完全改变了大脑的想法，让那些因为缺乏锻炼或天生脆弱的人去获得强大的功能。在很多人中，一些心理功能完全是缺乏的，但这却是可以加强的，前提是只要他们愿意接受改变。

人的大脑是可以变化的。每个职位都有不同的使命，这让人培养起适合各自的品行。所以，各种不同的职业、工作以及特殊的技能不断增强。也正因为如此，才赋予了我们的文明巨大的变化与力量。

大脑运作的科学让我们知道如何阻止与消除个人特质与癖好，如何去加强我们的软弱之处。我们应该认识到，大脑均衡的发展让我们获得能量，让我们拥有一些特殊的功能与能力。

还有一种让人很担忧的情况是，其他可能同样重要的功能却因为没有使用而枯萎，这并非科学的教育。因为这种单向的教育是对我们文明的一种诅咒，阻碍我们的心智健全。

第五十八章

自我提升的习惯是一种资产

　　我们到处可以看到，许多年轻的男女在后来的人生中都处于一种极为平常的位置。虽然他们拥有良好的天赋，但却从未得到很好的培养，没有认真地去发展。他们的工资都在星期六晚上的挥霍中消耗了，而这都是他们所预见到的一切，他们却明知不可为而为之。这样的结果将导致他们的见闻变得狭隘，他们的事业也会因此而充满狭隘与局限。

　　许多人只是利用了自身很少的一部分能力，比如由于缺乏自律与教育的辅助而难以挖掘潜在的能力，这让他们处于一种劣势之中。一个天生可能会成为雇主的人，却通常被迫处于一个普通员工的位置之上，因为他的心灵没有得到系统的训练。

教育就是力量。无论你的薪水是多少，你平常所得到的每一点珍贵的信息，每一次有趣的阅读与思考，都是极为珍贵的。事实上，这都让你变成一个更为宽广与圆满的人，让你不断前进。我认识一些年轻人，他们每天努力工作，赚取一点工资。在休闲的时候，不断提升自己的心灵，从长远回报来看，这要比他们的实际工作所带来的利益更为有益。我始终认为，他们的薪水相比于心智的成长是不值一提的。

一个人储存的越多，就越加丰富。同样的道理，你知道得越多，就越加渊博。你所存储的每一点知识，都会让你的人生丰富起来。所有这些自我投资都会让你不断优秀起来，让你变得更加完整、美好，更懂得如何去应对人生。

我认识一位年轻人，他喜欢通过铁路或水路的方式来旅行。无论到哪里，他总是带去一些阅读材料，无论是袖珍型的经典读物还是报纸。他总是在休闲时间里不断提升自己的行为，而很多人却将这些时间浪费了。结果是，他对许多方面的知识都有着深刻的了解。他在历史、文学、科学以及其他重要的科学知识领域都有深刻的认识。

这位年轻人在闲暇时间里所获取的知识，对于那些无所作为而浪费时间的人而言，不吝一记耳光。

一个年轻人曾利用每天工作之后，在冬日漫长的夜晚中，在脑海中思量着每个机会。事实会告诉你这个年轻人未来的希望所在。**这种不断提升的激情，预示着某种优越性。这其实是一种必胜的天赋。**

一个人可能会说，试着去从微薄的薪水之中节约一点是没有意义的。因为这点钱是不可能让自己显得富有起来的，所以他就随心所欲地花销。这样，他就再也不会在业余时间内通过学习来获得自由的教育。但你是否想过，许多人在他们的业余时间与冬日漫长的夜晚里学到的知识，相当于许多人在大学期间所得到的知识。

在世界历史上，从来没有哪个时代教育的重要性像今天这样占据如此重要的地位，赋予了知识如此之多的巨大动力。竞争已经变得激烈，而人生也变得更加勤奋，这就是提升自身的价值。

我们中大多数人所遇到的问题是，我们不能一下子就去完成所有的事情。只有通过不懈的努力，才能让我们变得更加宏大、更为宽广，让我们将无知的地平线不断地向后推远。这是一个多么宝贵的机会啊！你会放弃这个被许多人都浪费掉的机会吗？

看到年轻人粗心地阅读、无序地思想、缺乏目标，而不是从与别人的谈话中或者报纸与书籍中吸取无价的知识，这让人痛心。他们竟然没有意识到，自己是在扔掉这些无价的东西，这些东西会让他们的人生价值无法衡量。

第五十九章

通过阅读自我提升

一个没有图书、报刊的家，就好像一个没有窗户的家。孩子们可以在知识的海洋中徜徉。他们在与书刊打交道的过程中，不知不觉中吸收了知识。任何家庭都可以让孩子们喜欢阅读。现在，拥有一个属于自己的图书馆已不再是奢侈品了，而是必需品。这是时代所需，这是发展与进步所需。

一个聪明的学生从自己的学习生涯中得到最重要的教训。比如，他可以透过学习熟悉书中的知识，他可以从图书馆中挑选一本对自己人生最为有价值的书籍，这会让他得到提升。这就像一个人为了智力的拓展与社交的发展而选择利器一样。所谓"工欲善其事，必先利其器"，他明白这样的道理。

倘若允许聪明的孩子从书籍中吸取知识，去认真学习，对其中的知识与主题有所了解，那么，孩子的进步速度是让人震惊的。耶鲁大学的哈德勒校长说："现实生活中各行各业的人们，无论是从事商业、运输、制造业，他们都告诉我，他们是在大学中获得了选择有用书籍的能力。这种类型的学习一开始都在千千万万有书的家庭开始了。"

难道一个人在人生的早年中不应该获得一生中最为重要的教育吗？正是在家庭的氛围中，我们形成了自己的习惯，决定了日后的人生走向，这种习惯一辈子都会跟随着我们。正是在家庭中，有序与坚持的心理锻炼才会决定我们日后的生活。比如，那些拥有词典、百科全书、历史书，或各种参考书与具有价值书籍的孩子们，他们会在不经意间学习到知识，这一切都是无须任何花费的。他们将在这段时间里学到许多知识。

否则的话，这些书籍也就被浪费了。若他们不在学校、技术学院或大学里，这些是花费甚巨的。除此之外，家庭因为拥有好书而倍加增辉、更具吸引力。孩子们也愿意待在这样温馨的环境之中。而那些没有接受此等教育的孩子，会时常想着远离家庭，到处游荡，并且处于各种邪恶的诱惑与危险之中。

我们可以穿着破旧的衣服与缝补的鞋子，但不要在购买好书的时候吝啬。若你无法给予孩子系统接受大学教育的机会，至少可以让他接触优秀的书籍与报刊，让他从日常的环境中摆脱出来，回归到受人尊敬与荣耀之中。据说，亨利·克雷的母亲将自己刷马桶所积累下的钱来购买书籍。

我认识一个新英格兰家庭。整个家庭，无论孩子还是父母都一致同意，每个晚上将一部分时间抽出用于学习与自我修养。晚餐之后，他们就让大家处于完全休闲的状态之中。他们通常都玩得很开心。在接下来的一个小时之内享受着家庭的乐趣。接着就是认真学习的时候了。

在接下来的时间里，整个房间都十分安静，甚至连针掉到地上的声音都可以听见。每个人都在自己的房间里阅读、写作与学习，或者参与各种心智的锻炼。若家庭的某个人的状态不佳或者出于其他原因不愿意这样做，他至少要保持安静，不去打扰别人。这个家庭是全然和谐与目标统一的。因为整个家庭营造着一个学习的理想状态。

记住：任何让我们的努力分散并且让心智无法集中的东西，所有打断我们思想连贯的事情，都是要小心谨慎地避免的。在安静、连续的一个小时的学习里，要比在时常被打断的两个小时或精神不集中的学习更为有益。

我知道不少可悲的例子。许多有雄心的男女长久以来都想提升自己，但他们却被家庭的不良环境所阻碍。每当夜晚降临的时候，每个家庭成员都在谈话，开着玩笑，根本无意去自我提升。他们没有更为高级的理想，他们缺乏去阅读更高趣味的东西的冲动，他们只是安于一些廉价有趣的故事。不仅如此，他们还嘲笑有理想的家庭成员，难道他们希望自己或别人变得沮丧、放弃努力吗？这真是不可理喻呀！

即使在最忙碌的生活中，若能把握时间，也要合理安排挤出时间为自己所用。许多家庭主妇从早到晚地忙碌，她们深信自己根本没有时间去阅读书籍、杂志。她们若能够系统地安排时间就会惊讶地发现，自己也能有如此之多的休闲时间。

有序的工作有助于节约时间。我们当然应该将我们的生活计划加以调整，让我们拥有更多的时间去自我提升，更加拓展自己的人生。但是，许多人认为他们唯一有时间去自我提升的，是在他们忙完所有事情之后的状态。

"每天要养成阅读10分钟的优良习惯。"查尔斯·W.埃利奥特，这位哈佛大学的前任校长说，"每天10分钟的阅读，在20年中将造成一个有教养与村野之人的区别。若你能读一些有用的书籍——我所说的有用书籍是被世人所证明过的书籍，可以是故事、诗歌、历史与自传等方面的经典作品。"

我们中许多人都能为我们自己喜欢做的事情找到时间。一个人若真的渴求知识、渴求自我提升，他就会为自己创造机会。只要有心，就有所得。只要有心，时间总是会有的。

第六十章

学不逢时

不要因为人到中年之后没有接受教育而感到沮丧。我曾认识一个人，他从一个懒惰、散漫与无精打采之人手中买入了一个农场。在5月末，他正式掌管其中的资产。而前任的主人在早春时节竟然没有播种与耕地。

一些邻居告诉新的主人说："春天已经过去了，现在做什么都晚了。只能打理好花园。"但他是一个会动脑筋的人，他种植了一些晚熟的作物。为此，他成功地获得了一个沉甸甸的丰收——比那些认为他是个愚人的邻居获得更多的收入。

你若有雄心，想要最大限度地发挥自己的特长，特别是如果你想弥补自己早年未能接受教育所带来的损失的话，记住，**你所遇到的每**

个人都能带给你一定的知识。比如说，你若遇到一位印刷工人，他能向你介绍关于印刷方面的技能；泥水匠则能告诉你许多你原先并不知道的东西；你会发现普通的农民拥有一些你平常极为忽视的知识，而这些都是极为睿智的。

正是这种时刻想要从各种环境中汲取营养的行为才让我们明智起来。正是知识的多元化让人的视野更为宽广与富于同情心——这样才能摆脱原先的狭隘与生锈的心灵。记住：**这种吸收知识的习惯性拥有一种不断触发生命的优势。总之，如果一个人兴趣宽广，一般来说，他就是一位有趣之人，因为他拥有丰富的人生经验。**

对那些未能接受大学教育的人而言，那种过分强调大学教育的心理趋向是很强烈的。对那些因为要支持家庭或因健康不佳而无法上大学的人而言，他们认为自己遭受了无法挽回的损失，他们觉得这是人生中永远也难以弥补的损失。因为，他们把未能接受大学教育的遭遇看成是无法忘记的是不可挽回的。不仅如此，即便他们意识到还有挽回的可能性，他们的思维模式也会认为自己从阅读或自我学习之中是难以有所收获的。但事实上，许多最有学识与修养之人，或办事最为高效的男女，他们中很多人都没真正上过大学，有的甚至没上过高中。

我认识一个人，他连小学都没有读完。但他却通过阅读历史书籍与自传成为这方面的专家，世人也将他视为饱学之士。他阅读广泛，英文水平极高，尽管他不知道关于语法之类的知识，但他已经习惯了那些优秀作家的表达方式。我的意思是说，他不知不觉间采取了这种美好的表达方式。而且，更让人敬佩的是，他谈话的时候很少出错。

那些抱怨没有读过大学，抱怨因此而学不到知识的人，不妨想想这个年轻人吧！想想那些为家庭自学而准备的书籍所带来的巨大可能性吧！

通过在闲暇时间上夜校，这是获得教育的一种不错的方式。许多人因此而扫除了自己的无知。通过学校的学习可以免于许多尴尬与不满。以后我们的成功有很大一部分功劳要归功于在此期间所获得的知识。遗憾的是，许多成年人都认为，一旦人过中年之后，过了那段学习最旺盛的时期，他们就无法获得更多，也永远难以获得教育或者弥补过往失去的机会。

这个世界上最为让人动容的事情，就是一个成年人抓住每个机会去弥补早年因未能接受教育所带来的伤痛。在他的业余与夜晚这些时间投入的整个努力，会让他变得更为丰满与广博。

不要觉得自己已不在学校，就认为学习知识是极为困难的，从而感到沮丧。教育本身就是一个极为宽泛的概念。在今天，你可以掌握更多的知识，甚至胜过你在年轻时的认知。

通过不断的学习，你的心智会变得成熟，你将拥有更好的判断力。而且，你还会对时间的价值有一个更好的认知。记住：一个自我修养的机会对你意味着更多。我认识一些人在学校的表现很差，他们很难从书中获得更多的知识。但在日后的人生之中，他们努力地去弥补自己当年知识上的不足。因为，他们知道通过不断的努力，自己是可以变得优秀的。于是，经过努力，他们变得更为聪明与睿智了。

事实上，人的一生就是一所美好的学校。所有有利于我们成长、发展、进步的东西都是这个世界上最好的老师。我们可以在每一天的每一分钟都吸收知识，也可以在日常生活中获得琐碎的知识。总之，我们要做到眼观六路耳听八方，接受一切可以为我所用的知识。那么，接下来就剩下通过反思来让自己获得更为高级的知识了。

第六十一章

你为自己的工作感到羞耻吗

我时常遇到一些年轻人，他们不愿告诉我他们的职业是什么，他们对自己所做的工作感到耻辱。

不久前，我遇到的一位年轻人很不情愿地告诉我，他在一间大型酒吧间里做男招待。我问他在这里工作了多久了。他说大约6年了吧。他说自己讨厌这份工作，因为这样的工作让人觉得堕落，但却能赚不少钱。他总是安慰自己，当自己赚够了钱就会辞职，去做其他的事情。这个年轻人这几年来总是在自欺欺人，认为自己做得还行。他很快就会离开了。

看到这样的一个身强体壮、聪明与富于希望的年轻人，原本可堪重任，现在为了支持自己与家庭，却在做着一种自己不喜欢的工作，不断地降低自身的理想，让自己的本性降低，让自己鄙视自己——这将内心所有的美好与最高贵的一面都给扼杀了。他的内心总是不断地谴责着自己，让自己将人生中所有的美好与真正的东西都给放逐了。唉，这多让人痛心啊！

当一个人的大部分力量都在抵制着自己的工作，他是难以取得进步的。总之，让一个人去做违反自己天性的工作，这对整个人都是极为有害的，屈服于我们自身无法自重的东西，这对于自身的成长是致命的。一个人得不到足够的拓展，就是因为他处于一个错误的位置之上，同时也是一个人枯萎与萎缩的原因。

许多年轻人都在时刻暗示着自己，最好的东西还需要继续等待，即便现在自己不是很喜欢，他们还是以这样的借口为自己的行为正名，并遏制内心的反叛情绪。实际上，在他们真正聆听自己内心的声音之前，这些都只不过是让良心保持平静的一种镇静剂而已。

长时间去熟悉一个不适合自己的工作，将让这个工作适合你自己。倘若这是有利可图的话，最后会打消你的疑虑。因为这会让你觉得这就是获取金钱所必须做的——至少要等到金钱累积到一定程度的情况下，再去考虑其他。

生活中有一种习惯的哲学就是，任何一个行为的不断重复会让人对其加以肯定。这将会不断地重复下去，迅速地让行为者成为一个机械式的奴隶，即便是内心有所反抗，但那太微弱了，所以这是无济于事的。不仅如此，这种饱经锻炼的神经会不断地重复这种行为，尽管你很讨厌这种行为。而且，你一开始所选择的最终都会驱使着你。你无可避免地被限制于自己的行为之中，正如原子受到重力的作用一样。

不要欺骗自己，想着在肮脏的工作中赚干净的金钱。不要以为自己能够凭借一个不良的工作去提升自己的品德，让自己为世人所尊重。这种想法只是自欺欺人。许多人都是因为这种想法而陷入了自我毁灭。有些工作是会让道德急剧下降的，让人变得残忍，内心变得更加坚硬，即便是林肯也难以让其变得高尚起来。

若你正在做的事情是错误的，停下来吧！不要去做了。若你处于疑惑之中或者认为自己正在扭曲自己的良心，大胆地让你去对其感到疑惑吧！这对你只有好处。记住：不要漠视它，不要亡羊补牢。你要赶紧停止下来，找寻另外一条正确的出路。

若是必须的话，宁愿穿着破旧的衣服，住在没有地毯与家徒四壁的家中；宁愿每天只吃一顿，也绝不要出卖自己的尊严，或让自己的能力去做一些不洁的事情；宁愿去挖深沟，去提灰浆桶，到铁路上做一个杂工，铲煤——或任何工作，也不要去牺牲自身的尊严、模糊对与错的价值观。记住：**永远不要让自己远离那种充满欢乐的生活。**

赞许只有源于意识到在自己的可能性之中做到了最好，这才是最棒的。为什么你要亵渎自己的自尊或扭曲自己的能力，处于一个可鄙的位置之上呢？其实有很多更为干净、值得尊敬的职业都是适合你的能力的，都在找寻你的智慧呢！

不要去选择那些只顾着能赚钱的工作、或者物质上有最大回报的工作，或者找寻最能带来声誉与名望的工作，而要选择那些能让自身才华得到施展的工作，这样才能将自己最强大的力量与气概、个人名望都展现出来的。这要比财富更为重要，比名声更为重要。记住：**个**

人的高尚要比任何东西、任何奖励都更为重要。

我们要下定决心不将肮脏的金钱放入口袋，这是需要勇气的。以欺骗与蒙骗的方式获得金钱，沾满了人类的悲伤，这种金钱让那些受骗的穷人更加贫穷。当然，你也不要凭此来摧毁别人隐藏在心中的计划，让别人熄灭理想与接受教育的动力，这是极为不道德的。因为，这涉及品格问题。同时，这也是为什么人要有脊梁与勇气存在的必要性。

第六十二章

心灵的朋友与敌人

我们可以让心灵成为美的艺术画廊，也可以充斥恐怖的景象。我们可以随心所欲地加以改变。

你宁让小偷进入家中，掠走最昂贵的东西，让你失去金钱与财产，也不要让他夺走你的幸福与成功感。**因为这些不协调的思想、病态的思想、恐惧的思想与嫉妒的思想进入你的心灵，让你失去了平和，让你失去了安静的心绪，让你活在一个人间地狱之中。**

有不少人都是在心理阴影中思考的，他们总是在一个物理的存在中不断进行。也就是说，心理的图像在现实生活中复制到我们的性格之中了，然后整个身体的机能都在不断地解读着这些图像，嵌入我们的生活与品格之中。

有时，我们会看到这种思想的力量以宏大的方式显现出来。举个例子来说，当某种巨大的悲伤、失望或沉重的金融损失在短时间内改变一个人的容貌，以至于他的朋友们都无法认清楚他，这便是最好的解释。

在很大程度上，人生中输出的价值取决于我们自身心灵的敌人是否处于一种和谐的状态。如果我们能做到不让它们扼杀我们的主动性与效率，那么我们人生的输出价值将大大提升。因为心灵的敌人对我们的摩擦、倾轧会给我们带来毁灭。比如，当你无法掌控自己，你的心灵变得邪恶，就是这些心灵的敌人掌控你了。

我们中很多人都难以理解多元的思想与建议的不同之处。我们都知道一个有趣、乐观与令人鼓舞的观点将带给我们强烈的震撼，然后让我们感到振奋与欢乐。这带给我们新生的勇气、希望以及人生的旅程。比如，我们在指尖上都能感受到疼痛，这就像一个欢乐与高兴的电流一样渗透我们的全身。

每个人都可以建立起属于自己的世界，制造属于自己的气氛。他能用困难、恐惧、疑惑、绝望与悲观来去填充。所以，人生不免会被阴郁与灾难所影响。当然，我们也能让气氛处于一种清明、干净与甜美之中，然后驱赶所有阴郁与邪恶、嫉妒的思想。这两者之间可以相互作用，就看你如何选择了。

那些能够运用正确思想的人，能用希望去替代绝望，用勇气来替代羞怯，用决断与坚定来替代犹豫、疑惑与不确定，让心灵注满了友善的思想、乐观与充满欢乐的思想。这样，对他自己而言，就有一种巨大的促进作用在帮助着他，让他能够战胜自己的忧郁，让他摆脱忧郁、沮丧与疑惑的桎梏。比起那些无法控制自身情绪的人而言，他的成就会更大。

记住：无论你做什么，或者没有什么事情可做，都要下定决心，不要让任何病态、沮丧的思想进入你的心灵之中。

若我们从小就被灌输，要让我们的心灵抵制所有的低下、毁灭与敌对的思想，让我们怀抱着勇气与鼓舞之情，让欢乐、希望带给我们阳光，**那么，我们就可以阻挡许多无奈以及心灵长时间碰撞所带来的痛苦了。我知道很多例子，阴郁的想法在几个小时之内吸干了更多人的活力，这要比几周以来努力工作更能榨干人的精力。**

要想摆脱这种思想的敌人，需要我们长时间、有系统与持续的努力。**因为我们不能在没有能量与决心的情况下去取得任何有价值的东西。**换句话说，一个人在没有旺盛精力的情况下抵抗这种思想，那是很难的。但是你要明白，如果不在这些不良的思想占据我们的大脑之前就将其去除，让心灵处于一种健康和谐的环境中，我们怎能获得内心的平静与健康呢？

观念与思想就如其他所有的东西会吸附与它们亲近的东西一样，在心灵中占据主要位置的思想将会驱赶所有敌对的势力。比如乐观将会驱赶悲观，欢乐将会驱赶阴郁，希望将会驱赶沮丧，让心灵充满了爱的阳光，所有的仇恨与嫉妒都会远走高飞。总之，只要你愿意这样去做，这些黑暗的阴影将无法在爱的阳光下生存。

你无法过分肯定自己就是处于一种完美的心灵画面之中。爱、真、美这些才是我们所要表达的。**每一种仇恨、痛苦与复仇、沮丧与自私的东西一旦进入我们的心灵，就会对我们造成伤害，会对平和的**

心灵、幸福与效率造成致命的打击。所有这些敌对的思想都阻碍着我们人生前进的脚步。我们必须要以积极的思想去摆脱这种思想的困扰、摧毁这种思想。

坚持让自己的心灵中充满着美好的思想，慷慨、大度与慈爱的思想，爱的思想，真的思想与和谐的思想，所有不协调的思想必须驱离。一句话，这两种思想绝不能同时存在。记住：真实的思想是错误思想的解药，而和谐的思想则是纷争思想的解药。同理，美的思想对抗邪恶的思想。

爱，慈爱，仁慈，善良，对所有人友善，这些都会激起我们心中最高尚的情感。它们让我们的人生获得了提升，让我们获得了健康，和谐的力量；它们让我们趋于健康，让我们与上帝的心灵同步。

当我们还是小孩的时候，就已经知道在乡村赤脚走路要避开那些尖锐的石头和会刺伤我们双脚的荆棘。因此，学会避开那些会伤害我们给我们留下痛苦与疤痕的东西，其实并不困难。这只是一个在心灵中赶走敌人，让自己获得朋友的问题而已。

那种仇恨的思想、嫉妒与自私的思想，曾让我们为之流血与感到痛苦，我们必须摒弃它。

第六十三章

当工作成为一种投资

宁愿一无所有，待在旷野中，以获得健康，

也不愿付钱给医生去喝讨厌的饮剂。

健康的治疗源于锻炼，上帝创造我们绝非只是修补。

所有的疗养院与世上所有的医生，对数以百万计的城市居民每年蜂拥到乡村，让自己享受大自然所带来的神奇力量这种现象都不会感到奇怪。

看看一般的职员，在一年紧张工作的尽头，在漫长与闷热的日子里，让他待在城市的办公室里流汗，他肯定会感到恼怒与不满。

看看那些几个月都在紧绷着神经的作者，他的墨水已干，身心的机械都处于不协调的状态之中，再也无法迅速地去迎接自身的想法。

看看那些辛勤的律师与医生，疲倦在他们脸上很坦白地写着，神经细胞在支撑着他们。大自然正在让人们因为过分劳累而付出代价。

看看那些忙碌的妻子与家庭主妇们，她们被局限在家庭的狭小空间里，每天都重复着相同的行为，年复一年。**她们总是被一些小事与烦恼而弄得筋疲力尽与神经紧绷，就算那些最美好与乐观的祝福她们也会感到沮丧。**很明显的一点是，她需要到大自然母亲的怀抱中度过一个休养与治愈的时节。

看看那些脸色苍白的学生与职员，他们放下手中的书本，双眼无神，趴在桌子上。他们就像鲜花与植物在长时间的大旱之后凋零了。

看看在我们城市街道中走路的各行各业的人，看看他们不知多么渴求大自然树林的滋润与爱护。

难道人们不会对时间做一次有益的投资，让自己能够更好地掌握工作，增强我们每天应对问题的能力，对人生有一个更为乐观的想法，让自己全身心都获得一种全新的力量吗？

那么，**再看看这些神经紧绷的人群之中的一些聪明者，他们下定决心不计一切代价去旅行。**当他们在两三周或一个月回来之后，他们会有神奇的转变！他们曾经感到无聊，而现在却重新焕发起来，精神振奋，充满了新的希望与新的计划，对人生有更为宽广的视野。**因为他们从源头直接吸取能量，于是他们可以再次担负起不同的责任，不再沉重地背负着，而是积极乐观地应对。**

当一个人告诉我，他无法抽身去旅行之时，我不禁在想，肯定是哪里出问题了。可能是他还未能全面应对工作，或是缺乏让别人代理权力，或者没有系统地进行分工，导致企业在自己缺席的情况下不能顺利地运作；抑或他为人过于吝啬，不愿在一年长长的时间里腾出几周时间，一心只想着去积累金钱。**当然，若他没有计划或一个体制，当他离开店铺之后一切都会陷入停顿的话，一切旅行都证明是一场灾难——那这完全是自己的问题。**但若某个商人有真正的能力且拥有执行与组织能力的话，他的假期就是对自身与企业最佳的投资。**因为，他比当初离开之时更为强大与富有。**

远离那种认为自己不可以给自己放假的心理吧！这完全是一个错误的想法。事实上，你可让自己的假期富于价值，**你可以让其成为你一年之中最有价值的投资。你可以从中获得真正的价值、更多的资本。**这将有助于你的商业工作，更别提对你的身体提升所带来的幸福感了。当然，你可以在相同的时间内用于其他工作上。

许多人都是直到人生的自然终结，将躺在灵车上的休息视为最终的休息。因为只有在那时，他才真正获得人生的时间。也有人则在医院、疗养院与贫民所中寂寥地徘徊。还有些人因大脑的局部麻痹与药物的过分使用，而变得无可挽回。**总之，神经系统的破坏、体质的难以为继，这只是因为他们无法在漫长的一年中获得几周的休息时间。**

无论从任何观点来看，一个假期都是极具价值的。所以，让身体处于一种透支状态，只知努力地工作，或是用一个疲倦、混沌的大脑去思考，不懂得休整和保养自己以便更好地工作，可能是最残忍的。

当你感到疲倦、没有精神、提不起兴趣时，大脑将会迅速告诉你——你需要一个假期。当身体需要休息的时候，它会给你一个不容忽视的信号。那么，请将工作放一放吧！

　　当你失去了自我控制能力或者因一些最琐碎的私情而大发雷霆之时，当你强迫自己去做之前还以为是有趣的工作；当你开始感觉自己处于麻木与恼怒之时，当你的野心与热情开始在消退，当你头痛之时，你的双眸失去了色泽，你的双腿失去了弹性，你需要一个假期！

　　无论你是一个学生、商人还是专业人士，或是一个家庭主妇，有很多症状都是你不容忽视的，这是在暗示你必须停下来，否则就要承担其中的后果。

　　若你不去理会它的警告，它就会让你付出代价，甚至涉及你的生命。无论是国王还是乞丐，在它眼中都是如此。

　　要认识到自己不要去做大自然所禁止的事情。它可能警告了你不止两三次，可能是经常这样。不听的话，最终的惩罚是不可避免的。

研究社励志经典系列

成功的钥匙
KEYS TO SUCCESS
最值钱的是想法

发掘生命中的
无限可能
Making Life A Masterpiece

高效人生

赢在自我修炼
世界属于勤奋的人

做自己的国王
Every Man A King
学会心理控制术